Praxiswissen in der Messtechnik

Wolfgang Helbig

Praxiswissen in der Messtechnik

Arbeitsbuch für Techniker, Ingenieure und Studenten

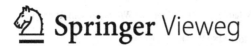 Springer Vieweg

Wolfgang Helbig
Dresden, Deutschland

ISBN 978-3-658-27801-4   ISBN 978-3-658-27802-1   (eBook)
https://doi.org/10.1007/978-3-658-27802-1

Die Deutsche Nationalbibliothek verzeichnet diese Publikation in der Deutschen Nationalbibliografie; detaillierte bibliografische Daten sind im Internet über http://dnb.d-nb.de abrufbar.

Planung/Lektorat: Reinhard Dapper
Springer Vieweg ist ein Imprint der eingetragenen Gesellschaft Springer Fachmedien Wiesbaden GmbH und ist ein Teil von Springer Nature.
Die Anschrift der Gesellschaft ist: Abraham-Lincoln-Str. 46, 65189 Wiesbaden, Germany

Vorwort

Die Idee zu diesem Fachbuch ist durch meine langjährige Tätigkeit als DKD- und später DAkkS-Stellen-Leiter sowie als Gastdozent in vielen großen Unternehmen entstanden.

Meine Vorträge zu messtechnischen Problemen wurden sehr oft mit einem Praktikum für alle Seminarteilnehmer abgeschlossen. Dadurch konnte ich mir einen umfangreichen Überblick zu den am häufigsten begangenen Fehlern in der Messtechnik verschaffen.

Der Schwerpunkt meiner Arbeit als Gastdozent richtete sich auf eine genaue Analyse der Messaufgabe sowie eine effektive und normgerechte Bearbeitung mit anschließender Fehlerbetrachtung und Auswertung. Viele und sehr oft gestellte Fragen der Praktiker habe ich durch einen Praxisbezug in meinem Buch aufgenommen.

In vielen Fachbüchern werden Gebiete der Messtechnik oder Datenverarbeitung für den Praktiker schwer lesbar beschrieben. Deshalb habe ich beschlossen, eine didaktisch ansprechende Darstellung zu schreiben. Mein Hauptanliegen ist es, dem Anwender des Buches durch Aufzeigen eines systematisch gegliederten Lösungsweges das Bearbeiten messtechnischer Aufgaben in vielen Gebieten zu erleichtern.

Dieses Fachbuch ist so aufgebaut, dass vorerst die wichtigsten Grundbegriffe der Messtechnik sowie der Signalarten und Darstellungsverfahren erläutert werden. Zum besseren Verständnis der oft sehr komplexen Messaufgaben werden im ersten Kapitel die wichtigsten Fachausdrücke aus der Messtechnik normgerecht erklärt.

Einen breiten Raum nehmen die Auswirkungen des neuen SI-Einheitensystems ein, welches sich auf physikalische Fundamentalkonstanten bezieht. In diesem Buch findet der Leser viele Hinweise für die Vorbereitung, Durchführung und Auswertung von Messungen, wobei besonderer Wert auf eine umfangreiche Fehleranalyse gelegt wurde.

Anhand der Lösungsansätze sowie der ausführlichen Beispiele kann der Leser die Richtigkeit seiner eigenen Ergebnisse nachprüfen und die gewonnenen Erkenntnisse auf ähnlich gelagerte Messaufgaben übertragen.

Gegenstand der weiteren Hauptabschnitte ist die Beschreibung der Messgeräte, des Zubehörs sowie der Aufbau und die Wirkungsweise von oft in der Messtechnik verwendeten Sensoren.

Häufige Störeinflüsse auf den Messprozess durch unterschiedliche Einkopplungsarten werden analysiert und Lösungsvorschläge zur Verringerung oder Beseitigung angeboten.

Für die Realisierung von Automatisierungslösungen werden unterschiedliche Übertragungsarten und Maßnahmen zur Datensicherheit vorgestellt.

Prüfprozesse können nur mit einem gut organisierten Prüfmittelmanagement beherrscht werden. Die Inhalte des Prüfmittelmanagements von der Prüfmittelbeschaffung bis zur Prüfmittelüberwachung mit DAkkS-Kalibrierschein werden normgerecht dargestellt und bewertet.

Die Fülle messtechnischer Problemstellungen machte in einigen Kapiteln eine Beschränkung und Auswahl auf typische und häufig wiederkehrende Anwendungsfälle erforderlich.

Der Inhalt dieses Fachbuches ist vorwiegend für Techniker und Ingenieure zur Weiterbildung sowie für Studenten in technischen Fachrichtungen geeignet.

Mein besonderer Dank gilt Frau Martina Börnig für die Unterstützung bei der Korrektur des Buches sowie bei der Gestaltung von Bildern.

Frau Sibylle Englert von der FES GmbH danke ich für die Bereitstellung von VDI/VDE/DGQ-Richtlinien sowie für die Erstellung der DAkkS-Kalibrierscheine.

Wolfgang Helbig

Inhaltsverzeichnis

Abbildungsverzeichnis

Tabellenverzeichnis

Grundbegriffe in der Messtechnik

Zusammenfassung

Messen ist die quantitative Bestimmung von Größen, wobei genormte Grundbegriffe und Grundstrukturen zur Anwendung kommen. Nach Konkretisierung der Messaufgabe erfolgt die Auswahl geeigneter Messverfahren sowie Messmethoden, um ein optimales Messergebnis zu erhalten. Dabei werden Rückwirkungen und Wechselwirkungen in Messsystemen betrachtet. Für den Informationsaustausch werden unterschiedliche Signalarten benötigt, welche in einer Übersicht dargestellt sind. Die meisten Messsignale können nicht direkt weiterverarbeitet werden, sodass eine Signalumformung erfolgen muss. Anschließend werden die Hauptgebiete der Messwertverarbeitung erläutert, welche sich in Messwerterfassung, Messdatenverarbeitung und Messwertausgabe gliedern. Zum besseren Verständnis aller Kapitel erfolgt eine Zusammenstellung von wichtigen messtechnischen Begriffen.

1.1 Messgrößen und Messsysteme

Das Messen ist eine der wichtigsten Aufgaben in der Wissenschaft, Technik sowie der gesamten Wirtschaft.

Schon sehr früh, zu C. F. Gauß' Zeiten, wusste man sehr genau, dass jede Messung mit Unsicherheiten behaftet ist. Die Ursachen dafür sind zufällige Effekte wie kurzzeitige Änderungen der Umweltbedingungen oder unterschiedliche Einflüsse durch den Beobachter. Jede Messung, auch wenn sie unter gleichen Bedingungen wiederholt wird, zeigt einen unterschiedlichen Anzeigewert.

Viele Ursachen für Messunsicherheiten sind auch systematischer Art und fast immer korrigierbar. Systematische Fehler werden vor allem durch die Drift des Messgerätes

© Springer Fachmedien Wiesbaden GmbH, ein Teil von Springer Nature 2021
W. Helbig, *Praxiswissen in der Messtechnik,*
https://doi.org/10.1007/978-3-658-27802-1_1

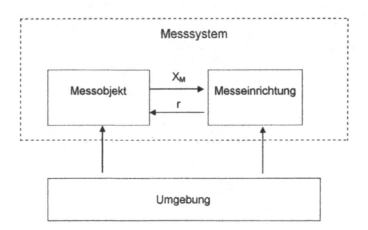

Abb. 1.1 Messsystem – Blockschema

sowie durch die zeitliche Änderung des Bezugsnormals bestimmt. Jedes Bezugsnormal weist auch noch eine Unsicherheit durch die Kalibrierung auf.

Das quantitative Maß für die Qualität einer Messung wird immer durch die Messunsicherheit bestimmt. Auch international nimmt die Bedeutung einer einheitlichen Bewertung der Ergebnisse von Messungen und Prüfungen durch Bestimmung und Angabe der Messunsicherheit stetig zu.

Ergebnisse von Messungen werden in Zukunft nur dann als vergleichbar anerkannt werden, wenn deren Messunsicherheiten auf der Grundlage von international anerkannten Standarddokumenten ermittelt wurden.

Um Präzisionsmessungen nach Standarddokumenten durchführen zu können, ist ein größerer gerätetechnischer Aufwand erforderlich. Dabei bilden viele Baugruppen und Einzelgeräte zusammen ein Messsystem (Abb. 1.1). Zur Bereitstellung der Hilfsenergie, der Signalwandlung und Verstärkung werden zusätzliche Geräte benötigt. Diese Geräte werden unter dem Begriff Messmittel zusammengefasst.

Der Informationsaustausch zwischen Messobjekt und Messeinrichtung erfolgt über Signale. Vom Messobjekt wird in Signalform die Messgröße X_M an die Messeinrichtung gesendet, wobei oft eine Rückwirkung r auf das Messobjekt entsteht. Die Umgebung wirkt auf beide und beeinflusst damit die Messgröße.

1.1.1 Rückwirkungen in Messsystemen

Eine Messwertbildung verläuft nicht nur in eine Richtung, da das Messgerät (Messsystem) bei der Messung mit dem Messobjekt in Wechselwirkung steht.

In vielen Fällen wird dem Messobjekt Energie entzogen, wodurch sich der Wert der Messgröße verändert. Diese Beeinflussung der Messgröße wird als Rückwirkung bezeichnet.

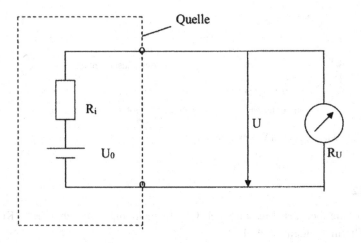

Abb. 1.2 Rückwirkung in der Messtechnik

Rückwirkung bei der Spannungsmessung an einer Spannungsquelle (Ausschlagverfahren; Abb. 1.2).

Es soll die Spannung eines galvanischen Elements gemessen werden. Das Spannungsmessgerät hat einen Innenwiderstand von $R_U = 20$ KΩ.

Das galvanische Element hat einen Innenwiderstand von $R_i = 6$ Ω bei einer *Leerlaufspannung* $U_0 = 1{,}55$ V.

$$U = \frac{U_o}{1 + \frac{R_i}{R_u}}$$

$$U = \frac{1{,}55 \text{ V}}{1 + \frac{6\,\Omega}{20\,\text{k}\Omega}}$$

$$U = 1{,}5495 \text{ V}$$

Durch die Rückwirkung wird der Messwert um 0,032 % verringert. In der Praxis kann dieser Fehler in den meisten Fällen vernachlässigt werden. ◄

Praxisbezug: Um den Fehler durch die Rückwirkung gering zu halten, sollte man ein Messgerät mit sehr hohem Innenwiderstand verwenden.

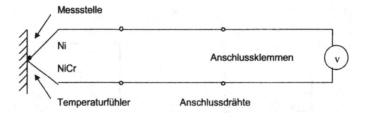

Abb. 1.3 Rückwirkung durch Wärmeableitung

Beispiel 2

Rückwirkung bei der Messung der Oberflächentemperatur an einem Körper mit einem Thermoelement (Abb. 1.3).

Durch Wärmeableitung über die Anschlussdrähte und die Klemmstellen wird der Messwert der Oberflächentemperatur gesenkt. Jede Temperaturdifferenz zwischen den Übergangsstellen und dem Temperaturfühler erzeugt eine Rückwirkung und macht sich als Messfehler bemerkbar.

In der Praxis ist in vielen Fällen mit dem Erfassen der Messgröße durch unterschiedliche Messwertaufnehmer eine Rückwirkung auf das Messobjekt erkennbar. ◄

1.1.2 Wechselwirkungen in der Systemtechnik

Das Problem einer umfassenden Messstrategie ist sehr vielschichtig. Es sollen nur die wichtigsten allgemeinen Gesichtspunkte in die Überlegungen einbezogen werden.

Eine Messwertbildung ist kein Vorgang, der nur in einer Richtung verläuft, sondern das Messgerät tritt bei der Messung mit dem Messobjekt in Wechselwirkung. Dabei entzieht das Messgerät dem Messobjekt oft Energie, wobei die Messgröße beeinflusst wird (Abb. 1.4).

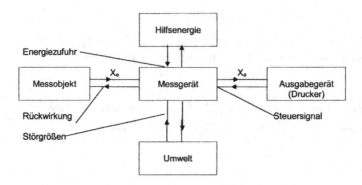

Abb. 1.4 Einfluss von Wechselwirkungen auf das Messgerät

Alle messtechnischen Systeme haben eine Eingangsgröße X_e (Messgröße) und eine Ausgangsgröße X_a (Messwert). Weitere Eingangsgrößen sind alle Störgrößen, welche im Kap. 3 und 7 ausführlich behandelt werden.

X_a und X_e sind zeitabhängige Größen und stehen in folgender Beziehung: X_a (t) = f (X_e (t)).

Die Wechselwirkungen des Messsystems mit der Umwelt werden wie folgt beschrieben:

- Der Wert der Messgröße wird durch die Eingangsinformationen bestimmt.
- Der Anzeigewert (Messwert) wird durch die Abgabe der Ausgangsinformation bestimmt.

In der Wirkungsrichtung $X_e \rightarrow X_a$ besteht ein kausaler Zusammenhang zwischen den Informationsparametern.

Alle Störeinflüsse (Rückwirkungen, Wechselwirkungen) müssen möglichst gering gehalten werden, um die Messgröße so genau wie möglich bestimmen zu können.

1.2   Erfassen einer Messgröße

In der Messtechnik unterscheidet man zwischen direktem und indirektem Messen. Bei einer direkten Messung wird der unbekannte Messwert durch Vergleich mit einem Bezugswert derselben Messgröße gewonnen. Das indirekte Messen erfordert einen höheren Aufwand, da die gesuchte Messgröße auf andersartige physikalische Größen zurückgeführt wird. Aus diesen Größen wird die Messgröße meist rechnerisch ermittelt. Für die Aufnahme der Messwerte werden in vielen Fällen spezielle Sensoren verwendet. In Kap. 5 werden die wichtigsten Eigenschaften sowie der Verwendungszweck von Sensoren erläutert.

1.2.1   Konkretisierung der Messaufgabe

Eine exakte Aufgabenstellung und die daraus gewonnenen theoretischen Überlegungen sind die Grundvoraussetzungen für ein optimales Messergebnis.

Zuerst sollte die Frage geklärt sein, welche Größen müssen für die Realisierung der Aufgabe gemessen werden.

Nach der Festlegung der Grundstrukturen und Kopplungsarten sollte die Auswahl der Informationsübertragung erfolgen. Dabei ist die Art der Signalübertragung genau festzulegen, wobei auf innere und äußere Störgrößen zu achten ist.

Ist für die Messaufgabe eine Datenfernübertragung geplant, müssen geeignete Schnittstellen an den Geräten zur Verfügung stehen.

Die Sicherheit und die Genauigkeitsforderungen aus der Messaufgabe dürfen durch Störgrößen nicht nennenswert beeinflusst werden, sodass die Toleranzvorgaben stets eingehalten werden.

Praxisbezug: Die Präzisierung von Messaufgaben erfordert:
- Details über Messgrößen und zulässige Toleranzen
- Messort möglichst mit messtechnisch erfassten Rahmenbedingungen (Temperatur und Feuchte)
- Messbedingungen von der Aufnahme aller Messparameter bis zur Weiterverarbeitung des Ausgangssignals
- Die Messaufgabe muss im Gesamtzusammenhang erkannt und bewertet werden.

1.2.2 Einteilung der verschiedenen Messverfahren

Unter dem Begriff „Messverfahren" versteht man viele experimentelle Maßnahmen, welche für die Durchführung einer Messung von großer Bedeutung sind. Durch verschiedene Messverfahren soll eine optimale und konkrete Lösung einer Messaufgabe erreicht werden.

Für die Auswahl eines geeigneten Messverfahrens sollte an erster Stelle die gerätetechnische Realisierung stehen.

In der Theorie erfolgt eine Einteilung der Messverfahren sehr oft nach vorgegebenen Messmethoden. Dabei werden Festlegungen über die Art des Ausgangssignals oder die Belastung der Messgröße getroffen. Alle Ausführungen dazu sind Grundprinzipien der Messtechnik und werden in allgemeiner Form dargestellt. Für die Praxis ist eine Einteilung der Messverfahren nach den gemessenen Größen von großem Vorteil.

Da in der Physik eine eindeutige Zuordnung aller Größe garantiert wird, kann man eine Überschneidung der Einheiten ausschließen.

Neu entdeckte physikalische Phänomene erfordern immer wieder geeignete neue Messverfahren.

Im Kap. 2 wird im Zusammenhang mit der Neudefinition der Basiseinheiten auf die Entwicklung neuer Messverfahren hingewiesen.

1.2.3 Analoge Messmethoden

Messmethoden (Abb. 1.5) geben die allgemeinsten, grundlegenden Regeln für die Durchführung von Messungen an. Eine Einteilung der Messmethoden erfolgt nach

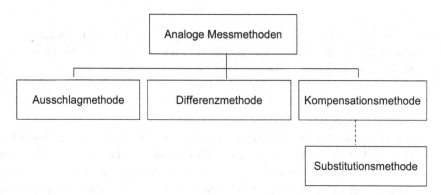

Abb. 1.5 Kontinuierliche Messmethoden

unterschiedlichen Richtlinien. Erfolgt die Einteilung nach physikalischen Verfahren, so wird die Bezeichnung Messprinzipien verwendet.

Bei einer kontinuierlichen Messung wird die Messgröße zeitlich kontinuierlich erfasst und in diesem Zustand bis zur Anzeige weiterverarbeitet. Dadurch wird eine schnelle Verarbeitung auch bei einer Änderung der Informationsparameter gewährleistet.

Diskontinuierliche Signale sind für langsame Messvorgänge geeignet, wobei sich der Informationsparameter zeitabhängig ändert.

- Ausschlagmethode
  Durch diese Messmethode erfolgt eine direkte Aufnahme der Messgröße, wobei ihr Absolutwert angezeigt wird. Es wird keine Abweichung vom Sollwert angezeigt. Bei der Ausschlagmethode wird dem Messobjekt für die Signalumwandlung Energie entzogen, wodurch eine **Rückwirkung** entsteht. Bei dieser Methode wird nur in seltenen Fällen eine Hilfe benötigt.
  In der Praxis wird die Ausschlagmethode vorrangig bei Dreheisen- und Drehspulmesswerken angewandt.
  Bei Analoggeräten bewirkt jede Verschiebung des Zeigers gegen die Skale einen Ausschlag und damit eine Anzeige. Der Wert einer Messgröße wird direkt in den entsprechenden Ausschlag umgewandelt und für die Messwertbildung wird keine Hilfsenergie benötigt.
- Differenzmethode
  Bei der Differenzmethode wird primär nicht die Messgröße (X_M), sondern deren Abweichung (Δ_x) von einer genau bekannten Größe (X_W) ermittelt. Die Abweichung von der bekannten Größe beträgt: $\Delta_x = X_W - X_M$
  Den Anzeigewert kann man durch die Beziehung $X_M = X_W - \Delta_x$ bestimmen. Alle Änderungen der Vergleichsgröße (X_W) gegenüber ihrem vorgesehenen Wert gehen als Fehler in das Messergebnis ein.
  Für die Differenzmethode wird oft auch der Begriff Vergleichsverfahren verwendet. Für nichtelektrische Größen ist dieser Begriff sehr zutreffend.

Praxisbezug: Die Differenzmethode findet oft Anwendung, um kleine Spannungs-
differenzen zu messen. Als bekannte Größe wird dabei oft ein Westonsches
Normalelement eingesetzt.

- Kompensationsmethode
  In der Praxis entstehen Messfehler oft dadurch, dass die verwendeten Messgeräte
  das Messobjekt belasten und dadurch das Messergebnis verfälschen. Vor allem der
  Eigenverbrauch von elektromechanischen Messgeräten ist relativ hoch und belastet
  damit während des Messvorganges das Messobjekt. Um diesen Fehler zu verkleinern,
  werden sehr oft hochohmige Messgeräte eingesetzt.
  Eine absolut belastungsfreie Messung wird durch die Kompensationsmethode garantiert.
  Sie ist eine Messmethode, bei der die Messgröße mit einer gleich großen, entgegengesetzt gerichteten gleichartigen Messgröße verglichen wird. Diese Vergleichsgröße ist
  z. B. eine Spannung oder ein Strom, welcher von einer Hilfsenergiequelle erzeugt wird.
  Der Vergleich erfolgt jetzt bis zur vollständigen gegenseitigen Kompensation (Null-
  methode), sodass die Messung **rückwirkungsfrei** erfolgt.

Abb. 1.6 Spannungskompensator für
Gleichstrom (Poggendorf-Kompensator)

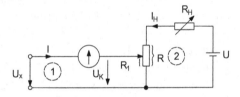

Kompensationsspannung: $U_K = \frac{U R_1}{R} = I_H R_1$

Beim Spannungskompensator (Abb. 1.6) wird die einstellbare Kompensationsspannung U_K (Kreis 1) der zu messenden Spannung U_X entgegengeschaltet und dabei
so eingestellt, dass der Strom I durch das Nullinstrument zu null wird.
Dann ist $U_K = U_X$ und dem Messort wird kein Strom entnommen, d. h. es erfolgt
eine Spannungsmessung mit einem unendlich großen Eingangswiderstand des
Kompensators. Die Messgenauigkeit wird durch die Genauigkeit des am Potentio-
meter R_H eingestellten Hilfsstromes I_H im (Kreis 2) und des Einstellwiderstandes R
sowie durch die Empfindlichkeit des Instrumentes bestimmt.

Abb. 1.7 Stromkompensator
für Gleichstrom

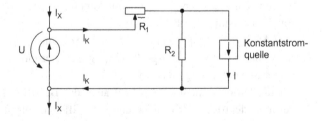

Kompensationsstrom: $I_K = \frac{IR_2}{R_1+R_2}$

Bei einem Stromkompensator (Abb. 1.7) wird der zu messende Strom I_X mit dem Kompensationsstrom I_K kompensiert, der mittels eines einstellbaren Stromteilers (R_1, R_2) aus der Konstantstromquelle I abgeleitet wird. Im Abgleichfall $I_X = I_K$ fließt kein Strom durch das Nullinstrument und die Spannung U wird gleich null.

Dadurch wirkt der Stromkompensator wie ein Strommesser mit dem Widerstand null.

- Kompensation störender Spannungen

In der Praxis wird durch die Kompensation in vielen Fällen erst eine zuverlässige Messung möglich. Wird eine zu messende Größe mit einer großen Gleichspannung überlagert, ist es erforderlich, diese mit einer variablen Zusatzspannung zu kompensieren. Durch dieses Verfahren erhält man ein relativ genaues Messergebnis. Ein häufiger Anwendungsfall dafür ist die Bestimmung des Innenwiderstandes von Batterien und Netzgeräten. Diese werden mit einem bekannten Lastwiderstand R_L belastet und der dadurch bedingte Rückgang der Ausgangsspannung wird gemessen. Aus dem Verhältnis zwischen der Leerlaufspannung U_0 und der sich unter Last einstellenden Spannung U_L lässt sich der Innenwiderstand R_i berechnen.

$$R_i = R_L \cdot \left(\frac{U_0}{U_L} - 1 \right)$$

Um den Messfehler sehr gering zu halten, ist es wichtig, die Kompensationsspannung extrem stabil zu halten. Schon geringe Änderungen der Kompensationsspannung erzeugen große Messfehler.

Praxisbezug: Der Eigenverbrauch vieler Messgeräte belastet das Messobjekt und verursacht dadurch Messfehler.
Für sehr genaue Messungen müssen zur Widerstandseinstellung Präzisionskurbelwiderstände verwendet werden. Als Spannungsquelle ist die Verwendung eines Weston-Elements von Vorteil. Dabei erfolgt das Vergleichen sowie das Messen über eine Doppelkompensation.

Das Kompensationsverfahren kommt aktuell in vielen modernen Messeinrichtungen zur Anwendung. Zur Analog-Digital-Umwandlung wird die Messgröße mit einer Präzisionsreferenzspannung, welche in dual gestaffelten Stufen hochgeschaltet wird, verglichen. Das Messobjekt wird nicht belastet!

- Substitutionsmethode

Bei diesem Verfahren wird die Messgröße oder das Messobjekt nach einer ersten Messung gegen eine Größe oder ein Objekt mit bekanntem Wert (Normal) ausgetauscht (substituiert) und die Messung wird wiederholt. Aus den Messwerten beider Messungen wird der gesuchte Wert errechnet.

Das Substitutionsverfahren ist oft auch unter dem Begriff Einsetzungsverfahren zu finden.

Eine der beiden Gleichungen wird nach einer der beiden Variablen aufgelöst. Der erhaltene Term wird in die andere Gleichung anstelle dieser Variablen eingesetzt.

Anwendung findet dieses Substitutionsverfahren bei Wägungen, da vorhandene Fehler der Hebelverhältnisse sowie der Nullstellung eliminiert werden.

> Praxisbezug: Diese Messmethode wird oft im Prüf- oder Kalibrierlabor angewendet. So kann man zum Beispiel eine genaue Widerstandsmessung durch Vergleich mit einem Normalwiderstand durchführen.

1.3   Signale für den Informationsaustausch

1.3.1   Begriffsbestimmung und Übersicht

Zu jeder Übertragung oder Speicherung von Informationen sind Signale erforderlich. Ein **Signal** ist die Darstellung von Informationen über Größen durch Signalträger, welche verschiedene Parameter enthalten. Durch die Werte der Parameter werden die Zeitfunktionen der Größen abgebildet.

Die Parameter des Messsignals werden Signalparameter und ihre Werte Signalwerte genannt.

Der **Informationsparameter** ist ein Parameter eines Signals, welcher Informationen enthält. Informationsparameter können sich verändern und man unterscheidet z. B. analoge und diskrete Signale.

Das **analoge Signal** (Abb. 1.8) ist ein Signal, wobei der Informationsparameter innerhalb von festgelegten Grenzen jeden beliebigen Wert annehmen kann.

Signalträger = Spannung, Informationsparameter

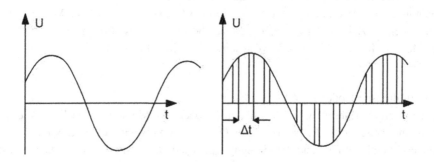

Abb. 1.8 Analoges Signal. **a)** kontinuierlich, **b)** diskontinuierlich

1.3.2 Signalarten (Hauptgruppen)

Die Einteilung der Signale kann unter verschiedenen Gesichtspunkten vorgenommen werden. Betrachtet man die Signalarten unter informationstheoretischem Aspekt, so kann man sie nach der Form ihrer Informationsparameter klassifizieren (Abb. 1.9).

Die Hauptgruppe der Signale in der Mess- und Regeltechnik gliedert sich in determinierte Signale auf. Diese Signale können zu jedem Zeitpunkt vollständig erfasst und registriert werden.

Analoge und diskrete Signale beziehen sich immer auf den Wertevorrat. Kontinuierliche und diskontinuierliche Signale unterliegen einer zeitlichen Änderung und Verfügbarkeit.

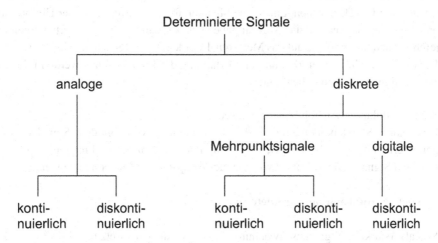

Abb. 1.9 Arten der determinierten Signale

1.3.3 Messsignalumformung

1.3.3.1 Allgemeines

Alle natürlichen Signale sind analog. Sie entstehen durch lineare Abbildung natürlicher Informationen auf elektrische Größen, wie zum Beispiel durch Amplituden-, Frequenz- oder Phasenmodulation.

Alle analogen Signale lassen sich mit Analog-Digital-Umwandlern ohne wirksamen Informationsverlust umwandeln. Danach können die Signale mit größerer Sicherheit verarbeitet oder gespeichert werden. Die digitale Verarbeitung von analogen Signalen bietet folgende Vorteile:

* Höhere Arbeitsgeschwindigkeit
* Bessere Konstanz (toleranzunempfindlicher)
* Höhere Genauigkeit und Störfestigkeit

Mit steigender Komplexität werden diese Vorteile immer gewichtiger.

Digitale Signale sind amplitudendiskret und zum Teil zeitdiskret. Zeitdiskrete Signale sind Impuls- und dynamische Signale auch Taktsignale.

1.3.3.2 Technische Realisierung der Signalumformung

Viele Schaltungen arbeiten mit der elektrischen Spannung als Signalgröße. Dabei ist der Signalwert einem entsprechenden Informationswert zugeordnet.

Impuls- und dynamische Signale sind nur zu bestimmten Zeitpunkten auswertbar. Außerdem sind bei diesen Signalen Passivzustände (Ruhewerte) zu beachten.

Digitale Signale mit den Informationen Signalwerte und Signalereignisse werden nach technischen Kennwerten eingeordnet.

In den meisten Fällen kann das zuerst erhaltene Messsignal nicht sofort direkt weiterverarbeitet werden. Dazu benötigt man eine Signalumformung. Mithilfe dieser Umformung werden die Messsignale an die Messaufgabe angepasst und der Messwertverarbeitung zugeführt. Auch Störeinflüsse auf das Messsignal werden dabei weitgehend eliminiert.

Für die sichere Weiterverarbeitung und Erhaltung der Informationen werden folgende Arten der Signalumformung benötigt:

- Signalmodulation (Analog-Analog-Umsetzung)
  Eine hohe Störsicherheit ähnlich der Übertragung von digitalen Signalen wird garantiert. Störungen beeinflussen die Amplitude und nicht die Frequenz des übertragenen Signals. Dieser Vorteil wird bei der **Frequenzmodulation** angewendet.

▶   Wichtig: **Informationsparameter** wird geändert.

- Signalverstärkung/Signalabschwächung (Analog-Analog-Umsetzung)
  In den meisten Fällen werden Spannungs- oder Stromsignale verstärkt oder abgeschwächt. Ein Messverstärker kann ein natürliches Abbildungssignal in ein Einheitssignal wandeln. Das Abschwächen des Spannungssignals kann über einen Spannungsteiler erfolgen.

▶   Wichtig: **Signalart** und **Informationsparameter** bleiben unverändert.

- Signalumwandlung direkt (Analog-Analog-Umsetzung)
  Hier erfolgt die Umwandlung von Signalen beim Übergang von einem Signalsystem in ein anderes. Pneumatische Signale werden in elektrische oder elektrische in pneumatische umgewandelt.

▶   Wichtig: **Signalart** wird geändert.

- Analog-Digital-Umwandlung (A/D-Umformung)
  Das Eingangssignal ist analog und das Ausgangssignal digital.
- Digital-Analog-Umwandlung (D/A-Umformung)
  Das Eingangssignal ist digital und das Ausgangssignal analog.

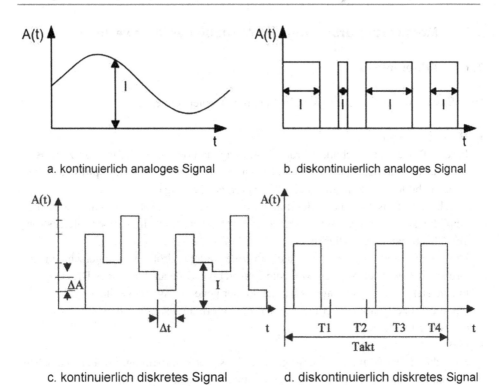

a. kontinuierlich analoges Signal   b. diskontinuierlich analoges Signal

c. kontinuierlich diskretes Signal   d. diskontinuierlich diskretes Signal

Abb. 1.10 Beispiele für Signalformen (A ≙ Amplitude, t ≙ Zeit, I ≙ Informationsparameter)

- Umkodierung
  Eingangs- und Ausgangssignal sind digital.

Kann sich der Informationsparameter in jedem beliebigen Zeitpunkt ändern, so nennt man das Signal kontinuierlich; ist dies nicht der Fall, wird es diskontinuierlich genannt (Abb. 1.10).

Auswertung der Signale

a) Informationsparameter I ist die Signalamplitude A. Der zeitliche Verlauf des Informationsparameters ist mit dem Signal identisch. Diese Signale werden oft bei der Amplitudenmodulation übertragen.

b) Der Informationsparameter I ist die Breite der Rechteckimpulse. In der Praxis treten diese Signale bei der Pulsdauermodulation auf.

c) Der Informationsparameter I ist die Signalamplitude. In diesem Beispiel kann er sechs diskrete Werte annehmen.

d) Der Informationsparameter ist durch die Anordnung der Binärimpulse innerhalb eines Taktes gegeben. Dieses Bild zeigt eine kodierte Binärimpulsdarstellung.

Bei analogen Signalen kann der Informationsparameter innerhalb gewisser Grenzen jeden beliebigen Wert annehmen. Im Gegensatz dazu können bei diskreten Signalen nur endlich viele (diskrete) Werte angenommen werden.

1.4   Messwertverarbeitung und Ausgabe der Messwerte

1.4.1   Allgemeines

Die Messwertverarbeitung lässt sich in drei große Gebiete einteilen:

- Messwerterfassung
  In der Prozessmesstechnik werden vorrangig analoge Einheitssignale, zum Beispiel für die Messgrößen Strom und Spannung, verwendet. Um diese physikalischen Größen abbilden zu können, ist eine Messgrößenwandlung erforderlich.
  Durch den Einsatz eines Messfühlers wird die Messgröße in ein natürliches Abbildungssignal gewandelt, wobei je nach Messverfahren die Größen Gleichstrom und Gleichspannung vorliegen.
  Die zu messende Größe kann auch in eine andere Größe von unterschiedlicher Größenart gewandelt werden, wie zum Beispiel die Umwandlung eines Drucksignals in eine elektrische Spannung. Es werden immer neue Messwerte gebildet.
  Für die Prozessautomatisierung müssen die Informationsgrößen durch AD-Wandler digitalisiert werden.
- Messwertverarbeitung
  Auf die Messwertbildung erfolgt die Messwertverarbeitung, wobei zwischen elementarer und höherer Messwertverarbeitung unterschieden wird.
  Werden nur einfache mathematische oder logische Operationen ausgeführt, ist der Begriff elementare Messwertverarbeitung zutreffend. Beispiele dafür sind das Potenzieren oder Logarithmieren sowie die Differenzbildung.
  Für die Bearbeitung komplexer mathematischer Operationen kommt die höhere Messwertverarbeitung zum Einsatz. Alle wesentlichen Funktionen werden über digitale Signale realisiert und in den meisten Fällen einem Signalverteiler zugeführt.
  Folgende Aufgaben können dadurch rationell gelöst werden:
  - Kontrolle von Messwerten auf Einhaltung der Grenzwerte mit Alarmfunktionen
  - Vergleich von Messwerten untereinander oder mit vorgegebenen Sollwerten und anschließender Protokollierung
  - Datenverdichtung und Datensicherung durch Zusammenfassung und Speicherung der Messwerte
  - Bereitstellung verschiedener Mess- und Signalwerte für eine komplette Prozessanalyse
- Messwertausgabe
  Die Messwertausgabe beinhaltet die Gesamtheit aller Messinformationen, welche zur Ausgabe oder zur Weiterverarbeitung bestimmt sind. Der gemeinsame Wert einer Messgröße kann direkt angezeigt werden, zum Beispiel durch eine digitale Anzeige.
  Bei einfachen Messaufgaben erfolgt die Auswertung der Messinformationen über die Sinnesorgane des Menschen (optisch oder akustisch).

Alle gewonnenen Informationen können auch gespeichert oder zwecks Auswertung an einen PC weitergeleitet werden. In der Automatisierungstechnik werden alle Messinformationen automatisch verarbeitet und in gewünschter Form dargestellt.

Praxisbezug: Für die Automatisierung von technischen Prozessen ist die digitale Messwertverarbeitung im Echtzeitbetrieb sehr wichtig. Dadurch wird garantiert, dass die Erfassung sowie die Verarbeitung von Informationen sofort erfolgt. Mithilfe der Echtzeitverarbeitung kann unmittelbar in technische und ökonomische Prozesse eingegriffen werden. Moderne Verkehrsüberwachungssysteme arbeiten zuverlässig und schnell im Echtzeitbetrieb.

1.4.2 Messdatenverarbeitung

Die Messdatenverarbeitung wird zum Erfassen, Speichern, Aufbereiten und Bearbeiten sowie für die Ausgabe von Daten benötigt. Wichtige Betriebsarten sind dabei die schritthaltende Informationsverarbeitung im Echtzeitbetrieb sowie die zeitaufteilende Verarbeitung im Zeitmultiplexbetrieb.

Zur Lösung messtechnischer Forderungen werden Informationssignale für die zweckbestimmte Auswertung sowie zur Bildung neuer Informationen herangezogen.

Eine moderne Messdatenverarbeitung garantiert neben der großen Zeiteinsparung ein hohes Maß an Qualität. Systematische Messabweichungen können korrigiert und danach in verschiedenen Varianten (Diagrammen) ausgegeben werden. Über Datenreduktion können aus den einzelnen Messwerten Mittelwerte gebildet werden, welche man zum Vergleich mit Vorgabewerten einsetzen kann. Mit Hilfe von integrierten Messdatenverarbeitung werden verschiedene Datenverarbeitungsaufgaben über einmalige Datenerfassung von Primärdaten gelöst.

1.5 Grundbegriffe in der Messtechnik

1.5.1 Zusammenstellung von messtechnischen Begriffen

- Auflösung
  Kleinste unterscheidbare Differenz zweier Anzeigen eines Messgerätes
- Bandbreite
  Differenz zwischen der größten und kleinsten Frequenz in einem durchgängigen Bereich
- Bezugsnormal

Im Allgemeinen von der höchsten verfügbaren Genauigkeit, um Messungen abzuleiten
- Burst
Folge einer begrenzten Anzahl von einzelnen Impulsen oder ein Schwingungspaket
- Bus
Funktional zusammengehörige Signalleitungen, welche Komponenten eines digitalen Systems verbinden
- Byte
Eine Gruppe von 8 Bit
- CAN
Serielles Bussystem
- Crest-Faktor
Kenngröße für die Leistungsfähigkeit einer Messeinrichtung, Unterschied zwischen Spitzen- und Effektivwert
- Drift
Größte Abweichung der Ausgangsgröße bei konstanter Eingangsgröße innerhalb einer definierten Zeit

▶   Wichtig: Herstellerinformation

- Eichen
Nach Eichvorschriften (Eichgesetz) vorzunehmende Qualitätsprüfung mit Kennzeichnung.
Am Prüfling wird festgestellt, ob die Beträge der Messabweichungen die Eichfehlergrenzen überschreiten.
- Empfindlichkeit
Änderung der Ausgangsgröße eines Messgerätes dividiert durch die zugehörige Änderung der Eingangsgröße

▶   Wichtig: Die Empfindlichkeit kann vom Wert der Eingangsgröße abhängig sein.

- EMV
Elektromagnetische Verträglichkeit
In der EMV-Analyse (EMV-Matrix) werden die Komponenten eines Betrachtungsobjekts (Gerät, System) z. B. in der Senkrechten als Störquellen und in der Waagrechten als Störsenken einander gegenübergestellt.
- Erwartungswert μ
Ist eine allgemeine Bezeichnung für den Mittelwert

▶   Wichtig: Bei n → ∞ geht der Mittelwert in den wahren Wert über.

- Fehler
  Nichterfüllung einer festgelegten Forderung
- Fehlerfortpflanzung
  Liefert eine vorsichtige Schätzung des Größtfehlers. In der Praxis ist oft ein kleinerer
  Fehler zu erwarten.
- Fehlergrenzen
  Alle Angaben über zufällige Fehler in Messergebnissen sind Angaben von Fehler-
  grenzen. Fehlergrenzen sind für verschiedene häufig verwendete statistische Sicher-
  heiten festgelegt. Die größte zulässige Abweichung der realen von der idealen
  statischen Kennlinie definiert die Fehlergrenze.
- Fehlerklasse
  Angabe zur Charakterisierung der Güte von Messgeräten
  Der Zahlenwert der Fehlerklasse ist der vorzeichenlose Wert der reduzierten Grund-
  fehlergrenze in Prozent.
- Freiheitsgrade
  Dienen zur Verknüpfung von Beiträgen mit unterschiedlichen Wahrscheinlichkeitsver-
  teilungen zur Messunsicherheitsbestimmung.

▶   Wichtig: Bei n Beobachtungen einer Messgröße wird der arithmetische
    Mittelwert als Schätzgröße verwendet. Der Mittelwert hat dann einen Frei-
    heitsgrad von $v = n - 1$.

- Gebrauchsnormal
  Es wird routinemäßig benutzt, um Maßverkörperungen, Messgeräte oder Referenz-
  materialien zu kalibrieren oder zu prüfen. Ein Gebrauchsnormal wird mithilfe eines
  Bezugsnormals kalibriert.
- Genauigkeit
  Ausmaß der Übereinstimmung zwischen dem Messergebnis und einem wahren Wert
  der Messgröße.
- Grenzfrequenz
  Die Grenzfrequenz gibt an, in welchem Frequenzbereich ein Messgerät benutzt
  werden kann.

▶   Wichtig: Amplitudenkennlinie und die Ortskurve lassen erkennen, wie das
    Amplitudenverhältnis bei großen Frequenzen abnimmt.

- Justierung
  Tätigkeit, welche ein Messgerät in einen gebrauchstauglichen Betriebszustand ver-
  setzt.
  Sie kann manuell, halb automatisch oder automatisch erfolgen.

- Kalibrierung
  Ermitteln des Zusammenhangs zwischen Messwert oder Erwartungswert der Ausgangsgröße und dem zugehörigen wahren oder richtigen Wert der als Eingangsgröße vorliegenden Messgröße für eine betrachtete Messeinrichtung bei vorgegebenen Rahmenbedingungen.

▶ Wichtig: Bei der Kalibrierung erfolgt kein Eingriff, der das Messgerät verändert.

- Konformität
  Erfüllung festgelegter Forderungen
- Korrektion
  Algebraisch zum unberichtigten Messergebnis addierter Wert zum Ausgleich hinsichtlich der systematischen Messabweichung

▶ Wichtig: Die Korrektion ist gleich der geschätzten systematischen Messabweichung mit entgegengesetztem Vorzeichen.

- Korrelation
  Zusammenfassung aller Einzelfehler unter Berücksichtigung der Verteilungsdichtefunktionen
- Linearität
  Konstant bleibender Zusammenhang zwischen der Ausgangsgröße und der Eingangsgröße eines Messmittels bei deren Änderung.
  Definition: konstante Empfindlichkeit eines Messmittels
- Maßverkörperung
  Gerät, das einen oder mehrere feste Werte einer Größe darstellt oder liefert.
  (Gewichtstück, Widerstandsnormal, Parallelendmaß)
- Messabweichung
  Abweichung eines aus Messungen gewonnenen und der Messgröße zugeordneten Wertes vom wahren Wert
- Messbereich
  Bereich derjenigen Werte der Messgröße, für den gefordert ist, dass die Messabweichungen eines Messgerätes innerhalb festgelegter Grenzen bleiben.

▶ Wichtig: Die Hersteller legen Fehlergrenzen für das Messgerät fest. Bei Messgeräten mit mehreren Messbereichen sind oft unterschiedliche Fehlergrenzen zu beachten!

- Messeinrichtung
  Gesamtheit aller Messgeräte und zusätzlicher Einrichtungen zur Erzielung eines Messergebnisses

- Messergebnis
  Aus Messungen gewonnener Schätzwert für den wahren Wert einer Messgröße

▶   Wichtig: Für das Schätzen des wahren Wertes sind die Messwerte sowie die
    systematischen Messabweichungen zu beachten.

- Messfehler
  Ein wichtiges Entscheidungskriterium für die Auswahl von Mess- und Prüfmitteln
  wird durch den Messfehler festgelegt.
- Messgenauigkeit
  Ausmaß der Übereinstimmung zwischen dem Messergebnis und einem wahren Wert
  der Messgröße
- Messgerät
  Gerät, das allein oder in Verbindung mit zusätzlichen Einrichtungen für Messungen
  gebraucht werden soll.
  Ein Messgerät kann auch Messobjekt sein, z. B. bei seiner Kalibrierung.
- Messgröße
  Spezielle Größe, welche Gegenstand einer Messung ist
- Messkette
  Folge von Elementen eines Messgerätes oder einer Messeinrichtung, die den Weg des
  Messsignals von der Aufnahme der Messgröße bis zur Bereitstellung der Ausgabe
  bildet.
- Messmethode
  Spezielle vom Messprinzip unabhängige Art des Vorgehens bei der Messung. Sie
  beschreibt die logische Reihenfolge zur optimalen Durchführung von Messaufgaben.
- Messmittel
  Alle Messgeräte, Normale, Referenzmaterialien, Hilfsmittel und Anweisungen,
  welche für die Durchführung einer Messung notwendig sind. Dieser Begriff umfasst
  Messmittel, die für Prüfzwecke und solche, die für die Kalibrierung verwendet
  werden.
- Messobjekt
  Messobjekte sind Körper, Vorgänge oder Zustände und damit Träger der Messgröße.
- Messprinzip
  Es legt die wissenschaftliche Grundlage eines bestimmten Messverfahrens dar.

▶   Wichtig: Bei der Wandlung physikalischer Größen kommen verschiedene
    Messprinzipien zur Anwendung.

- Messprozess
  Menge von miteinander in Beziehung stehenden Hilfsmitteln, Tätigkeiten und Ein-
  flüssen, die eine Messung hervorbringen. Einflüsse werden vor allem durch die
  Umgebungsbedingungen verursacht.

- Messsignal
  Größe, welche die Messgröße repräsentiert und mit der sie durch eine Funktion verbunden ist.

▶   Wichtig: Das Messsignal ist in der Regel zeitlich veränderlich und wird häufig durch einen physikalischen Vorgang übertragen.

- Messunsicherheit
  Dem Messergebnis zugeordneter Parameter, der die Streuung der Werte kennzeichnet, welche vernünftigerweise der Messgröße zugeordnet werden könnten.

▶   Wichtig: Die Messunsicherheit enthält viele Komponenten, wovon einige aus der statistischen Verteilung der Ergebnisse einer Messreihe ermittelt und durch empirische Standardabweichungen gekennzeichnet werden.

- Messverfahren
  Das Messverfahren ist die praktische Anwendung eines Messprinzips und einer Messmethode.

▶   Wichtig: Jedes Messverfahren beinhaltet genau beschriebene Tätigkeiten für deren Ausführung.

- Messwert
  Wert, der zur Messgröße gehört und der Ausgabe eines Messgerätes oder einer Messeinrichtung eindeutig zugeordnet ist
- Nationales Normal
  Normal, das in einem Land durch nationalen Beschluss als Basis zur Festlegung der Werte aller anderen Normale der betreffenden Größe anerkannt ist.

▶ Wichtig: Hierarchie der Normale
  - Internationales Normal
    ↓
  - Nationales Normal
    ↓
  - Bezugsnormal
    ↓
  - Gebrauchsnormal

- Normal
  Maßverkörperung, Messgerät, Referenzmaterial oder Messeinrichtung zum Zweck, eine Einheit oder einen oder mehrere Größenwerte festzulegen, zu verkörpern, zu bewahren oder zu reproduzieren

---

Beispiele

- 1 kg – Massenormal
- 100 Ω – Widerstandsnormal
- Cäsium – Frequenz-Normal ◄

- Offset
  Bei einem Messwert Null existiert ein Ausgangssignal. Der Offset bildet sich schon beim Anfangswert und nimmt meist bei steigender Erwärmung zu.
- Prüfbedingungen
  In den Prüfbedingungen sind die zulässigen Abweichungen der Einflussgrößen auf den Messprozess festgelegt. Die wichtigsten Einflussgrößen sind: Umgebungstemperatur, relative Luftfeuchte, Luftreinheit, Luftströmung, Fremdfelder, Versorgungsspannung.
- Prüfmittel
  Prüfmittel sind Messmittel, die zur Darlegung der Konformität bezüglich festgelegter Qualitätsforderungen benutzt werden.
- Prüfung
  Tätigkeit wie Messen, Untersuchen, Ausmessen bei einem oder mehreren Merkmalen einer Einheit sowie Vergleichen der Ergebnisse mit festgelegten Forderungen, um festzustellen, ob Konformität für jedes Merkmal erzielt ist
- Prüfverfahren
  Festgelegte Art und Weise, eine Prüfung auszuführen
- Qualitätsforderung
  Formulierung der Erfordernisse oder deren Umsetzung in eine Serie von quantitativ oder qualitativ festgelegten Forderungen an die Merkmale einer Einheit zur Ermöglichung ihrer Realisierung und Prüfung
- Quantisierung
  Die Zerlegung eines kontinuierlichen Wertebereichs in endlich viele diskrete Intervalle. Diese Intervalle werden als Quantisierungseinheiten bezeichnet.
- Referenzbedingungen
  Vorgeschriebene Betriebsbedingungen für die Prüfung eines Messgerätes oder für den Vergleich von Messergebnissen
- Referenzmaterial
  Material oder Substanz mit Merkmalen, deren Werte für den Zweck der Kalibrierung, der Beurteilung eines Messverfahrens oder der quantitativen Ermittlung von Materialeigenschaften ausreichend festliegen.

- Relative Messabweichung
  Messabweichung dividiert durch einen wahren Wert der Messgröße
- Richtiger Wert
  Durch eine Vereinbarung anerkannter Wert, welcher einer speziellen Größe zugeordnet wird. Nach vorher getroffenen Festlegungen ist der Wert mit einer angemessenen Unsicherheit behaftet.
- Rückführbarkeit
  Eigenschaft eines Messergebnisses oder des Wertes eines Normals, durch eine ununterbrochene Kette von Vergleichsmessungen mit angegebenen Messunsicherheiten auf geeignete Normale, im Allgemeinen internationale oder nationale Normale, bezogen zu sein.
- Signal
  Träger einer Information z. B. in Informationssystemen. Die Maßeinheit eines Signals ist die Maßeinheit seines Trägers.
- Statische Messung
  Messung, wobei eine zeitlich unveränderliche Messgröße nach einem Messprinzip gemessen wird, das nicht auf der zeitlichen Änderung anderer Größen beruht.
- Störgröße
  Störgrößen beeinflussen die Messgröße und erzeugen so Veränderungen des Ausgangssignals. Typische Störgrößen in der elektrischen Messtechnik sind z. B. mechanische Schwingungen sowie Temperatur- und Feuchteeinwirkungen.
- Systematische Messabweichung
  Mittelwert, der sich aus einer unbegrenzten Anzahl von Messungen derselben Messgröße ergeben würde, die unter Wiederholbedingungen ausgeführt wurden, minus einem wahren Wert der Messgröße.

▶   Wichtig: Systematische Messabweichung ist gleich Messabweichung minus zufälliger Messabweichung.

- Systematische Messabweichung eines Messgerätes
  Systematischer Anteil der Messabweichung eines Messgerätes. Die systematische Messabweichung eines Messgerätes wird üblicherweise geschätzt durch Mittelwertbildung der Messabweichungen der Anzeige über eine angemessene Anzahl von Wiederholmessungen.
- Transfernormal
  Normal, welches als Zwischenglied zum Vergleich von unterschiedlichen oder gleichen Normalen benutzt wird.

▶   Wichtig: In der Praxis werden oft Gebrauchsnormale mit Bezugsnormalen verglichen.

- Transiente
  Bezeichnet eine Erscheinung oder Größe, welche sich während einer im Vergleich zum Betrachtungszeitraum verhältnismäßig kleinen Zeitspanne zwischen zwei aufeinanderfolgenden stationären Zuständen ändert. Eine Transiente kann ein Impuls (Schaltimpuls) oder eine gedämpft schwingende Welle sein.
- Validierung
  Bestätigen aufgrund einer Untersuchung und durch Bereitstellung eines Nachweises, dass die besonderen Forderungen für einen speziellen beabsichtigten Gebrauch erfüllt worden sind.
  Validierung erfolgt üblicherweise am Endprodukt.
- Verifizierung
  Bestätigen aufgrund einer Untersuchung und durch Bereitstellung eines Nachweises, dass festgelegte Forderungen erfüllt sind. Das Wort „verifiziert" wird zur Bezeichnung des betreffenden Status benutzt.
- Wahrer Wert
  Wert, der mit der Definition einer betrachteten speziellen Größe übereinstimmt.
- Zufällige Messabweichung
  Messergebnis minus dem Mittelwert, der sich aus einer unbegrenzten Anzahl von Messungen derselben Messgröße ergeben würde, die unter Wiederholbedingungen ausgeführt wurden.

Das neue Internationale Einheitensystem (SI)

2

Zusammenfassung

Das neue Internationale Einheitensystem (SI) beruht auf definierten Basiseinheiten und nimmt in seiner Neudefinition auf Naturkonstanten Bezug. Diese sind universell, unabhängig von Zeit und Ort. Neue Definitionen gibt es durch die Elementarladung e, die Planck-Konstante h, die Boltzmann-Konstante K_B sowie die Avogadro-Konstante N_A. Zur Darstellung von Verhältnisgrößen werden Kennwörter wie Prozent % oder Promille ‰ verwendet. Um das Vielfache oder Teile von Einheiten zu bilden, werden SI-Vorsätze benötigt.

2.1   Begriffserklärung

Am 20.05.1875 wurde zur Vereinheitlichung der Maßsysteme zwischen 18 Staaten die Internationale Meterkonvention einberufen.

1960 wurde auf der 11. Generalkonferenz für Maß und Gewicht das Internationale Einheitensystem (Systeme International d'Unites) mit dem in allen Sprachen gleichen Kurzzeichen SI eingeführt. Damit wurde das über hundertjährige Durcheinander mit einer Vielzahl von Einheiten und Einheitensystemen beendet. In den folgenden 14. und 15. Generalkonferenzen wurde das Internationale Einheitensystem um weitere SI-Einheiten ausgedehnt. Die meisten wissenschaftlich führenden Staaten stellten ihre Maßsysteme auf SI-Einheiten um.

Mit den naturwissenschaftlichen und technisch organisatorischen Arbeiten wurden die Metrologischen Staatsämter beauftragt.

Für die Bundesrepublik Deutschland hat die Physikalisch-Technische Bundesanstalt (PTB) seit der Meterkonvention an dieser Umstellung sehr erfolgreich mitgearbeitet.

© Springer Fachmedien Wiesbaden GmbH, ein Teil von Springer Nature 2021
W. Helbig, *Praxiswissen in der Messtechnik*,
https://doi.org/10.1007/978-3-658-27802-1_2

In der DDR hat das Amt für Standardisierung, Messwesen und Warenprüfung (ASMW) den Übergang zu den SI-Einheiten vorbereitet. 1968 wurde in der DDR eine „Tafel der gesetzlichen Einheiten" erstellt und für rechtsverbindlich erklärt. Damit wurde hier etwas später der Übergang zu den SI-Einheiten vorbereitet und zeitnah umgesetzt.

Das Internationale Einheitensystem wurde schnell zur Grundlage rechtlicher Regelungen für den amtlichen sowie den geschäftlichen Verkehr.

Durch die Einheitenverordnung vom 13.12.1985 sowie die Änderungsverordnung vom 22.03.1991 wurden alle Einheiten des SI als gesetzliche Einheiten in der BRD als verbindlich eingeführt.

Folgende Aufgaben werden der Physikalisch-Technischen Bundesanstalt im Einheitengesetz übertragen:

1. Die gesetzlichen Einheiten darzustellen
2. Die Temperatur nach der Internationalen Temperaturskala der Internationalen Meter-konvention darzustellen
3. Die nationalen Normale nach der Internationalen Meterkonvention anzuschließen oder anschließen zu lassen
4. Die nationalen Normale der Bundesrepublik Deutschland aufzubewahren
5. Die Verfahren bekannt zu machen, nach denen nicht verkörperte Einheiten, einschließlich der Zeiteinheiten und der Zeitskalen sowie der Temperatureinheit und Temperaturskalen, dargestellt werden.

Das Einheitengesetz enthält eine Aufzählung von Aufgaben der PTB auf dem Gebiet der Einheiten. Die Norm DIN 1301 verweist auf die Ausführungsverordnung zum Gesetz über Einheiten im Messwesen.

2.2   SI-Basiseinheiten

Das SI-System ist ein Internationales Einheitensystem, welches auf sieben definierte Basiseinheiten aufgebaut ist. Von diesen Basiseinheiten werden alle anderen physikalischen Einheiten abgeleitet (abgeleitete Einheiten).

SI-Basiseinheiten – Übersicht vor der Neudefinition

Basis-größe	Basiseinheit		Definition
	Name	Zeichen	(siehe auch DIN 1301)
Länge	Meter	m	Das Meter ist die Länge der Strecke, die Licht im Vakuum während der Dauer von (1/299 792 458) Sekunden durchläuft.
Masse	Kilogramm	kg	Das Kilogramm ist die Einheit der Masse; es ist gleich der Masse des Internationalen Kilogrammprototyps.

Basis-größe	Basiseinheit		Definition (siehe auch DIN 1301)
	Name	Zeichen	
Zeit	Sekunde	s	Die Sekunde ist das 9 192 631 770-Fache der Periodendauer der dem Übergang zwischen den beiden Hyperfeinstrukturniveaus des Grundzustandes von Atomen des Nuklids ^{133}Cs entsprechenden Strahlung.
Elektrische Stromstärke	Ampere	A	Das Ampere ist die Stärke eines konstanten elektrischen Stromes, der, durch zwei parallele, grad-linige, unendlich lange und im Vakuum im Abstand von einem Meter voneinander angeordnete Leiter von vernachlässigbar kleinem, kreisförmigem Querschnitt fließend, zwischen diesen Leitern je einem Meter Leiterlänge die Kraft $2 \cdot 10^{-7}$ N hervorrufen würde.
Temperatur	Kelvin	K	Das Kelvin, die Einheit der thermodynamischen Temperatur, ist der 273,16te Teil der thermo-dynamischen Temperatur des Tripelpunktes des Wassers.
Stoffmenge	Mol	mol	Das Mol ist die Stoffmenge eines Systems, das aus ebenso viel Einzelteilchen besteht, wie Atome in 0,012 kg des Kohlenstoffnuklids ^{12}C enthalten sind. Bei Benutzung des Mol müssen die Einzelteilchen spezifiziert sein und können Atome, Moleküle, Ionen, Elektronen sowie andere Teilchen oder Gruppen solcher Teilchen genau angegebener Zusammen-setzung sein.
Lichtstärke	Candela	cd	Die Candela ist die Lichtstärke in einer bestimmten Richtung einer Strahlungsquelle, die mono-chromatische Strahlung der Frequenz $540 \cdot 10^{12}$ Hz aussendet und deren Strahlstärke in dieser Richtung (1/683) Watt durch Steradiant beträgt.

Basiseinheiten lassen sich auf keine anderen Einheiten zurückführen.

Zum SI gehören ferner die abgeleiteten Einheiten, wie z. B. Meter je Sekunde (m/s) für die Geschwindigkeit oder Kilogramm je Kubikmeter (kg/m^3) für die Dichte. Man nennt diese Einheiten kohärente Einheiten, da sie mit den Basiseinheiten durch den Zahlenfaktor 1 verknüpft sind. Sind abweichende Zahlenwerte von 1 darin enthalten, werden diese Einheiten als inkohärent in diesem System bezeichnet.

2.2.1 SI-Vorsätze für Maßeinheiten

SI-Vorsätze werden benutzt, um dezimale Vielfache und Teile von Einheiten zu bilden. Durch diese Vorsätze entstehen jetzt auch inkohärente SI-Einheiten (Zahlenfaktor $\neq 1$).

In den folgenden Tabellen werden alle SI-Vorsätze dargestellt.

SI-Vorsätze

Potenz	Name	Zeichen	Potenz	Name	Zeichen
10^{18}	Exa	E	10^{-1}	Dezi	d
10^{15}	Peta	P	10^{-2}	Zenti	c
10^{12}	Tera	T	10^{-3}	Milli	m
10^{9}	Giga	G	10^{-6}	Mikro	µ
10^{6}	Mega	M	10^{-9}	Nano	n
10^{3}	Kilo	k	10^{-12}	Piko	p
10^{2}	Hekto	h	10^{-15}	Femto	f
10^{1}	Deka	da	10^{-18}	Atto	a

Folgende SI-Vorsätze kommen in der Praxis nur selten vor:

$$10^{24} \quad \text{Yotta} \quad Y$$
$$10^{21} \quad \text{Zetta} \quad Z$$
$$10^{-24} \quad \text{Yocto} \quad y$$
$$10^{-21} \quad \text{Zepto} \quad z$$

▶   Wichtig: Es dürfen niemals 2 Vorsätze miteinander kombiniert werden.

Beispiel Für Nanometer (1 nm = 10^{-9} m) darf man nicht mµm schreiben.

SI-Vorsätze dürfen auch nur in Verbindung mit Einheitenkurzzeichen verwendet werden, also nicht µ, sondern µm.

2.2.2 Abgeleitete SI-Einheiten

Die einzelnen abgeleiteten SI-Einheiten werden bei der Darstellung der Sachzusammenhänge erläutert, weil die Einheiten nur im Zusammenhang mit den gemessenen physikalischen Größen Bedeutung haben. Mit sieben definierten Basiseinheiten kann in der Messtechnik nur ein geringer Teil von auftretenden Größen verglichen werden.

Aus diesem Grund war es erforderlich, aus den Basiseinheiten weitere Einheiten abzuleiten und als Einheitensystem darzustellen.

SI-Basiseinheiten und abgeleitete Einheiten (Auswahl)

Größe	Einheitenname	Zeichen	Beziehungen und Bemerkungen			
			SI-Basiseinheit			
Elektrische Stromstärke	**Ampere**	**A**	**SI-Basiseinheit**			
Elektr. Spannung	Volt	V	1 V	= 1 W/A		= 1 kg · m^2/(A · s^3)
Elektr. Potenzial, elektromot. Kraft						
Elektr. Widerstand	Ohm	Ω	1 Ω	= 1 V/A	= 1/S	= 1 W/A^2 = 1 kg · m^2/(A^2 · s^3)
Elektr. Leitwert	Siemens	S	1 S	= 1 A/V	= 1/Ω	= 1 W/V^2 = 1 A^2 · s^3/(kg · m^2)
Elektr. Ladung	Coulomb	C	1 C	= 1 A · s		
Elektrizitätsmenge	Amperestunde	A · h	1 A · h	= 3600 A · s = 3600 C		
Elektr. Ladungsdichte		C/m^3	1 C/m^3	= 1 A · s/m^3		
Elektr. Flussdichte, Verschiebung		C/m^2	1 C/m^2	= 1 A · s/m^2		
Elektr. Kapazität	Farad	F	1 F	1 C/V	= 1 A · s/V	= 1 A^2 · s^4/(kg · m^2)
Permittivität		F/m	1 F/m	= 1 A · s/(V · m)		= 1 A^2 · s^4/(kg · m^3)
Elektr. Feldstärke		V/m	1 V/m	= 1 kg · m/(A · s^3)		• DIN 1357
Magn. Fluss	Weber	Wb	1 Wb	= 1 V · s	= 1 T · m^2	= 1 A · H = 1 kg · m^2/(A · s^2)
Magn. Flussdichte	Tesla	T	1 T	= 1 Wb/m^2	= 1 V · s/m^2	= 1 V · s/m^2 = 1 kg/(s^2 · A)
Magn. Induktion						
Induktivität, magn. Leitwert	Henry	H	1 H	= 1 Wb/A	= V · s/A	= 1 kg · m^2/(A^2 · s^2)
Permeabilität		H/m	1 H/m	= 1 V · s/(A · m)		= 1 kg · m/(A^2 · s^2)
Magn. Feldstärke		A/m				
Zeit	**Sekunde**	**s**	**SI-Basiseinheit**			• Vorsätze nur bei s verwenden
Zeitspanne	Minute	min	1 min	= 60 s		

Größe	Einheitenname	Zeichen	Beziehungen und Bemerkungen		
Dauer	Stunde	h	1 h	= 60 min	= 3600 s
	Tag	d	1 d	= 24 h	= 1440 min = 86.400 s
Frequenz	Hertz	Hz	1 Hz	= 1/s	
Drehzahl, Drehgeschwindigkeit[a]	Reziproke Sekunde	1/s			[a]nicht „U/s" od. „U/min" verwenden
	Reziproke Minute	1/min	1/min	= 1/(60 s)	
Geschwindigkeit	Meter durch Sekunde	m/s	1 m/s	= 3,6 km/h	
					km durch (pro) Stunde, nicht „Stundenkilometer" verwenden
Temperatur	**Kelvin**	**K**	**SI-Basiseinheit**		
(thermodyn. T)	Grad Celsius	°C	1 °C	= 1 K	• Als Temperaturdifferenz
(Celsius t)			Tripelpunkt von H2O = 0,01 °C		• $t = T - 273{,}15$[a]
Lichtstärke	**Candela**	**cd**	**SI-Basiseinheit**		
Leuchtdichte		cd/m²			• DIN 5031 Teil 3
	Stilb	sb	1 sb	= 10^4 cd/m²	
Lichtstrom	Lumen	lm	1 lm	= 1 cd · sr	• DIN 5031 Teil 3
Beleuchtungsstärke	Lux	lx	1 lx	= 1 lm/m² = 1 cd · sr/m²	• DIN 5031 Teil 3
Stoffmenge	**Mol**	**mol**	**SI-Basiseinheit**		• DIN 32625
Stoffmengenkonzentration		mol/l	1 mol/l	= 10^3 mol/m³	• DIN 1310
Molares Volumen		l/mol	1 l/mol	= 10^{-3} m³/mol	
Molare Masse		g/mol	1 g/mol	= 10^{-3} kg/mol	
Molare Entropie	J/(mol · K)	J/(mol · K)	1 J/(mol · K) = 1 kg · m²/(s² · mol · K)		
Molare innere Energie		J/mol	J/mol		
Volumenkonzentration[a]		l/l oder l/m³	l/m³		• DIN 1345

Größe	Einheitenname	Zeichen	Beziehungen und Bemerkungen	
Stoffmengenanteil[b], Molenbruch		1		• DIN 1310
Massenanteil[b], Massenbruch		1		• DIN 1310
Volumenanteil[b], Volumenbruch		1		• DIN 1310
Massenkonzentration[c], Partialdichte[c]	kg/l o. g/l		1 kg/l	$= 10^3$ kg/m³ • DIN 1310
Teilchenzahlkonzentration		1/m³		• z. B. Staubpartikel pro m³
Masse	**Kilogramm**	**kg**	**SI-Basiseinheit**	
Gewicht	Gramm	g	1 g	$= 10^{-3}$ kg • Nicht „gr." Oder „Gr." verwenden
	Tonne	t	1 t	$= 10^3$ kg
	metrisches Karat		1 Karat[b]	$= 0{,}2$ g $= 0{,}2 \cdot 10^{-3}$ kg • Nur für Edelsteine
(Wägewert von Waren- mengen im geschäftlichen Verkehr)	Atomare Masseneinheit[c]	u	1 u	$= 1{,}6.605.655 \cdot 10^{-27}$ kg
Länge	**Mete**	**m**	**SI-Basiseinheit**	
Ebener Winkel	Radiant	rad	1 rad	$= 1$ m/m • Zentriwinkel r = 1 m, Bogen = 1 m
	Vollwinkel			$= 2\pi \cdot$ rad $= 360° = 400$ gon
	Grad	°	1°	$= (\pi/180)$ rad $= 1{,}1111$ gon
	Minute	'	1'	$= 1°/60$ • Auch Winkelminute genannt
	Sekunde	"	1"	$= 1'/60 = 1°/3600$ • Auch Winkelsekunde genannt
	Gon	gon	1 gon	$= (\pi/200)$ rad

[a]Volumenanteil genannt, wenn der Mischvorgang ohne Volumenveränderung erfolgt
[b]Der Anteil kann auch in Prozent (1 % = 1/100) oder Promille (1 ‰ = 1/1000) angegeben werden
[c]„g/(100 ml)" nicht „%" und „mg/(100 ml)" nicht „mg-Prozent" nennen (DIN 1310)

2.2.3   Einheiten für Verhältnisgrößen

Um Verhältnisgrößen darzustellen, sind neben den Maßeinheiten noch Kennwörter wie z. B. Prozent % oder Promille ‰ üblich. Die Verhältnisgröße ist der Quotient aus zwei gleichartigen Größen, wobei das Verhältnis einer Größe zu einer gleichartigen Bezugsgröße sehr oft auftritt.

Zwei Beispiele für Verhältnisgrößen:

- Der Quotient aus der nutzbaren Energie sowie der zugeführten Energie einer Anlage: Wirkungsgrad η.
- Quotient aus Eingangs- und Ausgangsspannung eines Verstärkers: Spannungsverstärkung V.

Die Angabe der Messunsicherheit wird auf Eich- und Kalibrierscheinen in ppm (parts per million) dargestellt. Auch hier handelt es sich um Einheiten für Verhältnisgrößen (1 ppm $\wedge$ Messunsicherheit $1 \cdot 10^{-6} = 0{,}0001$ %).

In der Übertragungstechnik sowie für die Angabe von Dämpfungsmaßen sind logarithmierte Verhältnisgrößen üblich. Durch Hinzufügen der Einheiten wird die beim Logarithmieren benutzte Basis gekennzeichnet.

Verwendet man den natürlichen Logarithmus, heißt die Einheit Neper (Np) und bei Verwendung des dekadischen Logarithmus Dezibel (dB).

Umrechnung:

$$1 \text{ dB} = 0,115129 \text{ Np}$$
$$1 \text{ Np} = 8,6859 \text{ dB}$$

▶   Wichtig: Bei Verwendung einer bestimmten festgelegten Bezugsgröße im Nenner derartiger Quotienten nennt man diese Verhältnisgrößen Pegel.

Das Neper wird vorwiegend für drahtgebundene Übertragungen verwendet. Im SI-Einheitensystem werden zwei Pegelmaße für Verhältnisgrößen definiert:

- BeL (Einheitenzeichen B) $\rightarrow 1$ dB $= 0{,}1$ B
- Dezibel (Einheitenzeichen dB) $\rightarrow 10$ dB $= 1$ B

Der Schallpegel L ist ebenfalls eine logarithmierte Verhältnisgröße und wird in dB angegeben. Berechnet wird der Schallpegel nach der Formel:

$$L = 10 \lg (í / í_0)$$

$í =$ Schallintensität

$í_0 =$ Intensität der unteren Reizschwelle (Bezugsschallintensität)

Die Bezugsschallintensität wird durch einen 1000 Hz-Ton mit einem Schalldruck von $2 \cdot 10^{-5}$ Pa erzeugt.

2.3   Vorbereitung der Einführung des „revidierten SI"

2.3.1   Naturkonstanten zur Darstellung der Einheiten

Durch die Einführung des Internationalen Einheitensystems (SI) wurden einheitliche Grundlagen für die Verwendung von Einheiten in weiten Gebieten der Wissenschaft, der Wirtschaft, der Industrie sowie im Bildungswesen geschaffen. Jede physikalische Einheit wird in der Physik so definiert, dass sie sich mit kleinstmöglicher Messunsicherheit realisieren lässt. Dabei ist auf eine hohe Konstanz und Reproduzierbarkeit der Messwerte zu achten.

Um diese Forderungen für einen großen Zeitraum zu gewährleisten, muss eine grundlegende Revision des Einheitensystems (SI) erfolgen.

Mit dem Einführungsdatum (20.05.2019) hat man die Werte einiger ausgewählter Naturkonstanten festgelegt und daraus dann die Einheiten abgeleitet. Fundamentale Änderungen gibt es dabei für die Basiseinheiten: Ampere, Kilogramm, Kelvin und Mol.

Die Naturkonstanten, die bei diesen Einheiten eine große Rolle spielen werden, sind universell, unabhängig von Zeit und Ort.

Es gibt grundlegend neue Definitionen von

- Ampere A: Elementarladung e
- Kilogramm kg: Planck-Konstante h
- Kelvin K: Boltzmann-Konstante K_B
- Mol mol: Avogadro-Konstante N_A

Alle Definitionen im neuen Einheitensystem werden viel abstrakter sein, da sie auf Werte von Naturkonstanten Bezug nehmen.

2.3.2   Auswirkungen auf die Messung elektrischer Größen

Hauptschwerpunkte für die Änderung des SI sind in der elektrischen Messtechnik die neu festgelegten Werte der Planck-Konstanten h und der Elementarladung e.

Im Jahr 2018 lagen nach aufwendiger Forschungsarbeit erstmals gesicherte Daten zur genauen Größe der Fundamentalkonstanten vor. Damit hat man einen entscheidenden Vorteil erreicht und kann auf eine konstante Definitionsgrundlage aufbauen.

Das Definieren von Einheiten erfolgt jetzt nicht mehr über Artefakt, sondern über Naturkonstanten. Damit werden alle elektrischen Einheiten als Quantenrealisierungen Teil des neuen SI-Systems. Es gibt nun keine Untersschcheidung mehr zwischen Basiseinheiten und den abgeleiteten Einheiten. Die von den Metrologieinstituten aller beteiligten Staaten (ca. 100) gesteckten Ziele, noch kleinere Unsicherheiten bei den Messungen zu erreichen, wurden erfüllt.

2.3.3 Überblick über die Neudefinition der SI-Basiseinheiten

Grundlage für die Neudefinitionen im neuen SI bilden die Zahlenwerte, welche für sieben Naturkonstanten festgelegt wurden.

Elektrische Stromstärke

- Definition der SI-Basiseinheit „Ampere" (A)
  Bezug auf: Elementarladung

$$e = 1{,}602\ 176\ 620\ 8 \cdot 10^{-19}\ C(C = A\ s)$$
$$1\ A = e / \left(1{,}602\ 176\ 620\ 8 \cdot 10^{-19}\right) s^{-1}$$
$$= 6{,}789\ 687\ldots \cdot 10^{8} \Delta v\ e$$

Das Ampere wird durch die Elementarladung und die Sekunde definiert.

1 A entspricht dem Fluss von 1/(1,602 176 620 8 · 10^{-19}) Elementarladungen pro Sekunde.

Das Ampere sowie alle anderen elektrischen Einheiten werden als Quantenrealisierungen (über den Josephson- und den Quanten-Hall-Effekt) Teil des neuen Systems. Eine zweite Möglichkeit der Realisierung besteht durch Zählen von Elektronen pro Zeit.

Für alle neuen Berechnungen müssen die Referenzwerte für 2e/h und h/e^2 von den Quantennormalen aktualisiert werden.

- Referenzwert für Josephson-Spannungsnormal

$$2e/h = 483597{,}848416984\ \text{GHz/V}$$

- Referenzwert für Quanten-Hall-Widerstandsnormal

$$h/e^2 = 25812{,}8074593045\ \Omega$$

Damit realisieren der Josephson- und der Quanten-Hall-Effekt das neue SI-Volt und SI-Ohm.

Die neue Unsicherheit für Volt und Ohm liegt jetzt im Bereich von 10^{-9} und ist damit zwei Größenordnungen besser als im bis Mai 2019 gültigen SI (10^{-7}).

Für Präzisionsmessungen sowie im Eich- und Kalibrierwesen haben die neuen Referenzwerte unterschiedliche Auswirkungen.

Für Spannungsgrößen beträgt die relative Änderung, d,

$$\text{ca.} + 1{,}067 \cdot 10^{-7}$$

und für Widerstandsgrößen

$$\text{ca.} + 1{,}779 \cdot 10^{-8}$$

Für akkreditierte Prüfstellen ist eine Kontrolle des Messunsicherheitsbudgets auf jeden Fall zu empfehlen, da hier hochwertige Spannungs- und Widerstandsnormale im Einsatz sind.

Bei der Neuberechnung der Messunsicherheit ist zu beachten, dass sich die Wahrscheinlichkeit des Vertrauensintervalls von 95 % auf 87 % ändert.

Masse

- Definition der SI-Basiseinheit „Kilogramm" (kg)
  Bezug auf: Planck-Konstante

$$h = 6{,}626\,070\,040 \cdot 10^{-34} \text{J s} \left(\text{J s} = \text{kgm}^2\text{s}^{-1}\right)$$
$$1 \text{ kg} = \left(h/6{,}626\,070\,040 \cdot 10^{-34}\right)\text{m}^{-2}\text{s}$$
$$= 1{,}475\,521\ldots \cdot 10^{40} h \Delta v/c^2$$

  Bezug auf: Avogadro-Konstante

$$N_A = 6{,}022\,140\,857 \cdot 10^{23} \text{ mol}^{-1}$$

Für die Neudefinition des Kilogramm wurden auf internationaler Ebene zwei verschiedene Wege eingeschlagen.

In Variante 1 wird die Schwerkraft auf ein Massestück durch eine elektromagnetische Kraft kompensiert. Dabei werden viele elektrische Quanteneffekte ausgenutzt., welche über „Wattwaagen-Experimente" einen Wert des Planck'schen Wirkungsquantums h liefern.

In Variante 2 wird eine makroskopische Masse auf die Masse eines Atoms zurückgeführt. Dazu wird eine große Anzahl von Atomen gezählt, welche sich in der Struktur eines Einkristalls befinden. Diese Variante heißt Avogadro-Experiment, weil im Messergebnis die Avogadro-Konstante direkt herangezogen wird.

In jahrelanger Forschungsarbeit wurde von der PTB eine Kristallkugel aus isotopenreinem Silizium hergestellt, das als Ausgangsmaterial in Zehntausenden von Zentrifugen angereichert wurde. Weltweit besteht schon großes Interesse an diesen Siliziumkugeln. Durch sie wird eine hochgenaue und dauerhafte Realisierung der Einheit der Masse realisiert.

Temperatur

- Definition der SI-Basiseinheit „Kelvin" (K)

Bezug auf: Boltzmann-Konstante

$$k = 1{,}380\,648\,52 \cdot 10^{-23} \text{J K}^{-1} \left(\text{J K}^{-1} = \text{kg m}^2\text{s}^{-2}\text{K}^{-1}\right)$$
$$1 \text{ K} = \left(1{,}380\,648\,52 \cdot 10^{-23}/k_B\right)\text{kg m}^2\text{s}^{-2}$$
$$= 2{,}266\,665 \, \Delta v \, h/k$$

Durch ein neues Verfahren, die Dielektrizitäts-Konstanten-Gasthermometrie (DCGT), wurde eine hochgenaue, unabhängige Bestimmung der Boltzmann-Konstanten realisiert. Es konnte eine relative Unsicherheit von nur 1,9 ppm (0,00019 %) erreicht werden. Über die Festlegung der Boltzmann-Konstante konnte die Neudefinition des Kelvins erfolgreich abgeschlossen werden.

Stoffmenge

- Definition der SI-Basiseinheit „Mol" (mol)
  Bezug auf: Avogadro-Konstante

$$N_A = 6{,}022\ 140\ 857 \cdot 10^{23}\ \text{mol}^{-1}$$
$$1\,\text{mol} = 6{,}022\ 140\ 857 \cdot 10^{23}/N_A$$

Die Darstellung einer Einheit ist die Verwirklichung der Definition im Forschungslabor.

Für die Darstellung der Einheit Mol ist die Bestimmung der Avogadro-Konstante der Bezug zur Berechnung. Im Jahr 1997 wurde der anerkannte Wert in der Fachliteratur noch mit $N_A = 6{,}022\ 136\ 736 \cdot 10^{23}\ \text{mol}^{-1}$ angegeben.

Zur Bestimmung der Avogadro-Konstante werden an einem Kristall die stoffmengenbezogene Masse, die Dichte und der Gitterparameter gemessen. In den letzten Jahren konnten bei diesen Messungen in Bezug auf Messunsicherheit Fortschritte erzielt werden.

Aktuell wird das Mol definitorisch über eine festgelegte Anzahl von Teilchen einer spezifizierten Substanz erfasst (Avogadro-Konstante).

Länge

- Definition der SI-Basiseinheit „Meter" (m)
  Bezug auf: Lichtgeschwindigkeit im Vakuum

$$c = 299\ 792\ 458\,\text{m}\ \text{s}^{-1}$$
$$1\ \text{m} = (c/299\ 792\ 458)\ \text{s}$$
$$= 30{,}663\ 318\ldots c/\Delta\nu$$

Eine Neudefinition für die SI-Basiseinheit „Meter" wurde im Jahre 1983 von der 17. Generalkonferenz (CCDM) beschlossen.

Ab diesem Zeitpunkt ist das Meter durch die Länge der Strecke definiert, die Licht im Vakuum während der Dauer von (1/299792458) Sekunden durchläuft. Das bedeutet, dass die Längeneinheit durch die Laufzeit definiert ist und deshalb mit der Definition der Zeiteinheit verknüpft ist.

Die Geschwindigkeit, mit der sich Licht in der Atmosphäre ausbreitet, ist keine Konstante, da hier noch nie eine Brechung des Lichtes erfolgte. Deshalb wird in der Definition Vakuum als Referenzbedingung gefordert.

Eine fundamentale Grundlage für die Neudefinition des Meters wurde durch die **konstante Geschwindigkeit** des Lichtes im **Vakuum** hergeleitet.

Zeit

- Definition der SI-Basiseinheit „Sekunde" (s)
  Bezug auf: Frequenz des Hyperfeinstrukturübergangs des Grundzustands im ^{133}Cs-Atom

$$\Delta v = 9\ 192\ 631\ 770\ s^{-1}$$
$$1\ s = 9\ 192\ 631\ 770/\Delta v$$

Die Physikalisch-Technische Bundesanstalt (PTB) wurde durch das Zeitgesetz aus dem Jahr 1978 damit beauftragt, für die BRD die maßgebende Uhrzeit anzugeben. In aufwendigen Forschungsprojekten entstanden selbstgebaute, primäre Cäsiumatomuhren, welche heute zu den genauesten Uhren der Welt zählen.

Bei Anwendung einer Cäsiumatomuhr hat das nicht radioaktive Cäsium ^{133}Cs eine atomare Frequenz vom Wert 9 192 631 770 Hz. Dieser Wert wurde 1967 in der Definition der Basiseinheit Sekunde im internationalen Einheitensystem (SI) festgeschrieben.

Auf der 13. Generalkonferenz für Maß und Gewicht wurde die noch heute gültige SI-Sekunde wie folgt ins Deutsche übersetzt:

„Die Sekunde ist das 9192631770-Fache der Periodendauer der dem Übergang zwischen den beiden Hyperfeinstrukturniveaus des Grundzustandes von Atomen des Nuklids ^{133}Cs entsprechenden Strahlung."

Die im Einsatz befindlichen primären Cäsiumatomuhren der PTB weichen innerhalb eines Jahres in der Zeitanzeige weniger als eine Millionstel Sekunde voneinander ab.

Lichtstärke

- Definition der SI-Basiseinheit „Candela" (cd)
  Bezug auf: Das photometrische Strahlungsäquivalent K_{CD} einer monochromatischen Strahlung der Frequenz $540 \cdot 10^{12}$ Hz ist genau gleich 683 Lumen durch Watt.

$$1\ cd = (K_{cd}/683)\ kg\ m^2\ s^{-3}\ sr^{-1}$$
$$= 2{,}614\ 830 \cdot 10^{10}(\Delta v)^2 h\ K_{cd}$$

Abb. 2.1 Spektraler
Hellempfindlichkeitsgrad
für das Tagessehen $V(\lambda)$
in Abhängigkeit von der
Wellenlänge λ

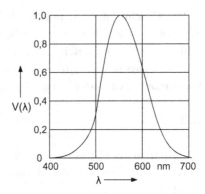

Auf der 16. Generalkonferenz für Maß und Gewicht (CGPM) wurde 1979 eine neue Definition für die Candela (lat. für Kerze) festgelegt. Diese Definition lautet:

> „Die Candela (cd) ist die Lichtstärke in einer bestimmten Richtung einer Strahlungsquelle, die monochromatische Strahlung der Frequenz $540 \cdot 10^{12}$ Hz aussendet und deren Strahlstärke in dieser Richtung 1/683 Watt durch Steradiant beträgt."

Licht ist elektromagnetische Strahlung, wodurch das Auge die Empfindungen für Hell, Dunkel und Farbe ableitet. Bei der Wellenlänge $\lambda = 555$ nm (grün) ist die Empfindlichkeit des Auges am größten. Bei kleineren Wellenlängen (blau) und bei größeren Wellenlängen (rot) nimmt die Empfindlichkeit ab (Abb. 2.1).

Die von unterschiedlichen Strahlungsanteilen hervorgerufene Gesamthellempfindung ergibt sich in Näherung additiv aus Einzelbeträgen.

Für kleinere Intervalle $\Delta\lambda$ erhält man die Integralform:

$$\Phi_v \sim \int_{\lambda_1}^{\lambda_2} \frac{d\Phi_e(\lambda)}{d\lambda} \cdot V(\lambda) d\lambda.$$

Φ_v = Lichtstrom (Lumen lm)
Φ_e = Strahlungsleistung (Watt)
$V(\lambda)$ = Hellempfindlichkeitsgrad
V = Index (visuell, sichtbar)

Integrationsgrenzen sind die Wellenlängen (λ)

$$\lambda_1 = 360 \text{ nm und } \lambda_2 = 830 \text{ nm}$$

Zur Berechnung der Lichtstärke I_V werden weitere photometrische Einheiten benötigt. Der Proportionalitätsfaktor km bestimmt den „Maximalwert des photometrischen Strahlungsäquivalents für das Tagessehen" mit der Einheit Lumen durch Watt (lm/W).

Aus der Beziehung zwischen einer photometrischen und dementsprechenden radiometrischen Größe gilt für die Candela-Definition für die Größen Strahlstärke I_e und Lichtstärke I_V:

$$I_v = K_m \cdot \int_{\lambda_1}^{\lambda_2} \frac{dI_e(\lambda)}{d\lambda} \cdot V(\lambda)d\lambda.$$

Die Intensität von Strahlungsquellen wird durch die Lichtstärke und die Strahlstärke beschrieben. Durch diese Größen wird bestimmt, welcher Teil d_Φ des Lichtstroms von einer punktförmigen Quelle in den Raumwinkel $d\omega$ ausgesandt wird.

$$I = d\Phi/d\omega$$

Der Raumwinkel wird in der Einheit Steradiant (sr) gemessen. Die Einheit Lumen durch Steradiant (lm/sr) trägt die Bezeichnung **Candela.**

Strahlstärke und Lichtstärke hängen von der Ausstrahlungsrichtung ab.

Nur selten hat man es in der Praxis mit monochromatischer Strahlung zu tun, sodass man die Lichtstärke einer Lampe für ihre Strahlung im ganzen sichtbaren Spektralbereich bestimmt.

In der PTB wird die Lichtstärkeeinheit durch eine Gruppe von Spezialglühlampen, welche durch Photometer kalibriert wurden, dargestellt.

Für die Lichtstärkebestimmung wurden relative Messunsicherheiten unter 0,3 % erreicht.

Elementare Fehlerrechnung

3

Zusammenfassung

Auf der Basis internationaler Normenwerke erfolgt die Ermittlung von Messunsicherheiten. Diese müssen nach anerkannten Messmethoden ermittelt werden und für gesamte Messketten berechenbar sein. In der Praxis treten systematische und zufällige Fehler auf, wobei eine genaue Ursachenanalyse erfolgen muss. Zur Bewertung von Messabweichungen werden Verteilungsarten wie z. B. die Normalverteilung (Gauß-Verteilung) sowie die Studentverteilung (t-Verteilung) herangezogen. Zur rechnerischen Erfassung zufälliger Fehler werden Messreihen gebildet und aus vielen einzelnen Messwerten wird der arithmetische Mittelwert gebildet. Zur Festlegung von Vertrauensgrenzen wird der Vertrauensbereich des Mittelwertes für unterschiedliche statistische Sicherheiten berechnet. Weitere Beispiele sind für den Praktiker zur Untersuchung der Prüfmitteleignung ausführlich dargestellt.

3.1 Definition des Messfehlers

Die Analyse der Messfehler, seine Definition, Ermittlung, Korrektur und Auswertung gehört zu den wichtigsten Problemen der Messtechnik.

Messfehler sind Verfälschungen von Messergebnissen aufgrund von Fehlerquellen. Bei der Messung physikalischer Größen stimmt aus verschiedenen Gründen der Messwert nicht mit dem wahren Wert der Messgröße überein. Die Ursachen dafür hängen von vielen Kriterien ab und werden nach ihren Herkunftsbereichen untersucht.

© Springer Fachmedien Wiesbaden GmbH, ein Teil von Springer Nature 2021   41
W. Helbig, *Praxiswissen in der Messtechnik,*
https://doi.org/10.1007/978-3-658-27802-1_3

Der Messfehler e (engl.: error) wird wie folgt definiert: e ist die Differenz zwischen dem gemessenen Wert der Größe x_{mess} und ihrem wahren Wert x_{wahr}.

$$e = x_{\text{mess}} - x_{\text{wahr}}$$

Bei der Angabe des relativen Fehlers δ wird der absolute Fehler e auf den wahren Wert x_{wahr} oder auf einen Bezugswert x_0 bezogen.

$$\delta = \frac{e}{x_0} = \frac{\Delta x}{x_{\text{wahr}}}$$

Der Messfehler ist Entscheidungskriterium bei der Auswahl von Mess- und Prüfmitteln und er wird auch als Gütekriterium für die Messergebnisse verwendet.

In praktischen Anwendungen sind Zahlenwerte gemessener Größen nur angenähert bekannt.

3.2   Fehlerarten

In der Messtechnik unterscheidet man zwischen systematischen und zufälligen Fehlern (Abb. 3.1). Durch die Aufteilung der Fehler in zwei Gruppen können beide Fehlerarten in gleicher Weise behandelt werden. Die Definitionen der Fehlerarten umfassen die Nichterfüllung an festgelegte Forderungen im Qualitätswesen.

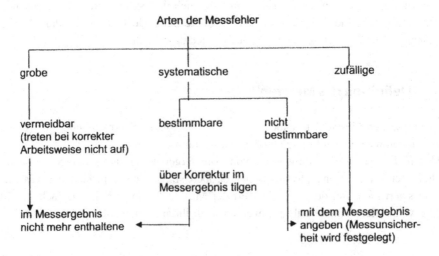

Abb. 3.1   Übersicht über Messfehlerarten (nach Ursache und Bearbeitung)

3.2.1 Systematische Fehler

Systematische Messfehler treten bei gleichen Messbedingungen immer in gleicher Größe sowie mit gleichem Vorzeichen auf.

Diese Fehler haben ihre Ursache in der Unvollkommenheit der Messgeräte, der Messeinrichtungen, der Messverfahren oder der Maßverkörperungen. Jedem Messgerät und jeder Messeinrichtung ist ein gewisser systematischer Fehler eigen, welcher bei Präzisionsgeräten sehr klein gehalten wird. Auch messbare Umweltbedingungen zählen zu den systematischen Fehlern.

Systematische Fehler lassen sich messtechnisch erfassen und durch eine Messwertkorrektur am Messmittel optimal kompensieren.

Vor Beginn einer Messaufgabe sollte man sich über die Beträge der zu erwartenden systematischen Fehler der einzelnen Größen klar werden, da diese verschiedene Größenordnungen annehmen können.

3.2.2 Zufällige Fehler

Zufällige Fehler streuen statistisch, da sie nach Betrag und Vorzeichen schwanken. Führt man eine Messung unter gleichen Bedingungen mehrmals durch, so wird man nur in seltenen Fällen das gleiche Ergebnis erhalten. Die Messwerte werden voneinander abweichen, und um den wahren Wert der gemessenen Größe streuen.

Zufällige Fehler werden hervorgerufen von messtechnisch nicht zu erfassenden und nicht zu beeinflussenden Änderungen der Maßverkörperungen, der Mess- und Prüfgeräte, des Messgegenstandes und der Umwelt sowie durch den Beobachter.

Sie sind nicht kompensierbar und lassen sich nur durch Mittelwertbildung aus mehreren Einzelmessungen zahlenmäßig erfassen und rechnerisch eliminieren.

3.3 Wahrscheinlichkeitsverteilungen

Statistische Prüfverfahren

In der mathematischen Statistik werden zufällige Ereignisse und die daraus resultierenden Gesetzmäßigkeiten untersucht. Zufällige Ereignisse können unter bestimmten Bedingungen eingehalten oder nicht eingehalten werden.

Bei Einzelwerten, die unter gleichen Versuchsbedingungen als Versuchsergebnisse gewonnen wurden, sind die verschiedenen Werte nur durch zufällige Unterschiede im Versuchsablauf zustande gekommen.

Zur Charakterisierung einer Zufallsgröße ist ihr Verteilungsgesetz erforderlich.

In diesem Gesetz werden die möglichen Werte x_i, welche die Zufallsgröße annehmen kann, und die Wahrscheinlichkeiten p, mit denen die einzelnen Werte der Zufallsgröße angenommen werden, betrachtet.

3.3.1 Verteilungsarten

3.3.3.1 Normalverteilung (Gauß-Verteilung)

Die Gauß-Verteilung (Abb. 3.2) ist eine spezielle Wahrscheinlichkeitsverteilung. Sie findet bei sehr vielen Messungen, denen eine stetige Zufallsgröße zugrunde liegt, Anwendung. Außerdem gibt sie die Wahrscheinlichkeit dafür an, dass die Zufallsgröße einen Wert x annimmt, der sich in einem vorgegebenen Intervall befindet. Zur Berechnung dieser Wahrscheinlichkeit dient die Häufigkeitsdichte:

$$p(x) = \frac{1}{\delta\sqrt{2\pi}}exp\left[-\frac{(x-\mu)^2}{2\,\delta^2}\right]$$

$$p(\mu) = \frac{1}{\delta\sqrt{2\pi}}$$

$$\mu = \lim_{n\to\infty}\frac{1}{n}\sum_{i=1}^{n}xi$$

Hierbei sind μ (Erwartungswert oder Mittelwert) und δ(Standardabweichung) konstante Zahlen.

Betrachtet man Intervalle konstanter Breite, so treten Merkmalswerte aus einem vorgegebenen Intervall umso seltener auf, je weiter der Mittelpunkt dieses Intervalls vom Erwartungswert μ entfernt ist. Am häufigsten treten also solche Wert auf, die sich in einer symmetrischen Umgebung dieses Erwartungswertes befinden. Die Standardabweichung δ gibt dabei an, wie stark die Häufigkeitsdichte mit der Entfernung vom Erwartungswert abnimmt.

Abb. 3.2 Gaußsche
Verteilungskurve

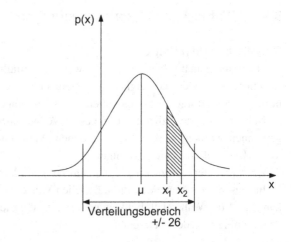

Der Ausdruck δ^2 wird Varianz oder Streuung genannt.

$$\delta^2 = \int\limits_{-\infty}^{\infty} (x - \mu)^2 p(x)\mathrm{d}x$$

aus Normierungsgründen gilt:

$$\int_{-\infty}^{\infty} p(x)\mathrm{d}x = 1$$

▶ Wichtig

- Bei der Normalverteilung sind große Abweichungen weniger häufig als kleine Abweichungen.
- In der Praxis werden die Normalverteilung und diet-Verteilung am häufigsten angewendet.
- Bei der Normalverteilung treten gleich große positive oder negative Messabweichungen mit gleicher Häufigkeit auf.
- P_{max} ist an der Stelle $(x - \mu) = 0$, d. h. beim Erwartungswert μ.

Die Festlegung der Vertrauensgrenzen wird durch die Wahl einer statistischen Sicherheit P realisiert.

Vertrauensgrenzen werden immer um den Erwartungswert μ festgelegt.

$$\mu = \lim_{n\to\infty} \frac{1}{n} \sum_{i=1}^{n} x_i = \int_{-\infty}^{+\infty} x h(x)dx$$

3.3.1.2 Studentverteilung (t-Verteilung)

In vielen Anwendungsfällen ist die Standardabweichung nur aufgrund der Messung einer endlichen Zahl von n-Einzelwerten bekannt, so treten unterschiedlich große Abweichungen von der Normalverteilung auf. Für Messungen, welche durch diskrete Messwerte gekennzeichnet sind, ist daher statt der stetigen Normalverteilung die t-Verteilung anzuwenden.

Durch den Studentfaktor t wird die Abweichung gegenüber der Normalverteilung dargestellt.

$$t = \frac{\text{Abweichung des Mittelwertes vom Erwartungswert}}{\text{Streuung des Mittelwertes}}$$

$$t = \frac{|X_O - \mu|}{\dfrac{\delta}{\sqrt{n}}}$$

Die t-Verteilung ist abhängig von der Zahl der Freiheitsgrade v.

Werden n Vergleichsmessungen einer Messgröße ausgeführt, wird meist der arithmetische Mittelwert herangezogen. Damit hat die Schätzgröße Mittelwert einen Freiheitsgrad von $v = n - 1$.

Freiheitsgrad bedeutet in einer Stichprobe durchgeführte Messungen (n), verringert um die Anzahl der geschätzten Parameter (K).

$$v = n - K.$$

3.4   Rechnerische Erfassung zufälliger Fehler

Der Einfluss von zufälligen Fehlern auf das Messergebnis soll so gering wie möglich gehalten werden.

Aus diesem Grund nimmt man eine Messreihe auf und bildet aus den einzelnen Messwerten x_i den arithmetischen Mittelwert $\bar{x}$.

Es folgt: x_i $(n = 1, 2, 3, 4, 5 \ldots n)$ Anzahl der Messwerte

$$\bar{x} = \tfrac{1}{n}(x_1 + x_2 + x_3 + \ldots x_n)$$

$$\bar{x} = \tfrac{1}{n} \sum_{i=1}^{n} x_i \qquad\qquad \text{Arithmetischer Mittelwert einer Stichprobe}$$

Der wahre Wert von Messgrößen ist meistens unbekannt, sodass man an seiner Stelle den errechneten Mittelwert $\bar{x}$ einsetzt und so den absoluten Fehler Δ_{xi} erhält.

$\Delta_{xi} = x_i - \bar{x} \quad (i = 1, 2, 3, \ldots, n)$

Daraus folgt die Summe aller Fehler

$$\sum_{i=1}^{n} \Delta_{xi} = \sum_{i=1}^{n} (x_i - \bar{x}) = \sum_{i=1}^{n} x_i - n\bar{x}$$

Für den Mittelwert folgt:

$$n\bar{x} = \sum_{i=1}^{n} x_i$$

$$\sum_{i=1}^{n} \Delta_{xi} = 0$$

Die Summe aller absoluten Fehler ist null!

▶ Wichtig: Bei der Summenbildung sind alle Vorzeichen zu beachten.
Die Erfüllung der Gleichung bestätigt die Richtigkeit des Mittelwertes sowie der
berechneten Fehler.

Der mittlere Fehler der Einzelmessungen wird als empirische Standardabweichung s
bezeichnet.

$$s = \sqrt{\frac{1}{n-1} \sum_{i=1}^{n} (x_i - \bar{x})^2}$$

Der Vertrauensbereich $\bar{s}$ des Mittelwertes wird oft auch als mittlerer Fehler des Mittelwertes bezeichnet und wie folgt berechnet:

$$\bar{s} = \frac{s}{\sqrt{n}} = \sqrt{\frac{\sum_{i=1}^{n} (\Delta xi)^2}{n(n-1)}} \qquad \Delta_{xi} = x_i - \bar{x}$$

Die Vertrauensgrenzen μ_1 und μ_2 bilden die Endpunkte des Vertrauensbereichs, der durch
den größten zu erwartenden Fehler gekennzeichnet ist. Der wahre Wert μ der Messung
ist zwischen der oberen Vertrauensgrenze $\mu_1 = \bar{x} + \frac{t}{\sqrt{n}}$ und der unteren Vertrauensgrenze
$\mu_2 = \bar{x} - \frac{t}{\sqrt{n}}$ zu erwarten.
Mithilfe der Student- oder t-Verteilung werden die Grenzen des Vertrauensbereiches
für den Erwartungswert μ festgelegt.

$$\mu = x_0 \pm \frac{t}{\sqrt{n}} \cdot s \qquad\qquad x_o = \text{arithmetischer Mittelwert}$$

Das Intervall $\pm\delta$ um den Erwartungswert μ entspricht der Wahrscheinlichkeit P=0,683
(68.3 %), dass ein Ergebnis in dieses Intervall fällt.
Folgende Sicherheiten werden bei Normalverteilung in der Praxis angeboten
(Tab. 3.1).
Für eine statistische Sicherheit P von 99 % beträgt der Vertrauensbereich:

$$x_0 - \frac{2{,}58\,\delta}{\sqrt{n}} \leq \mu \leq x_0 + \frac{2{,}58\,\delta}{\sqrt{n}}$$

Tab. 3.1 Statistische Sicherheiten mit Vertrauensgrenzen

Statistische Sicherheit	Vertrauensgrenzen um den Erwartungswert	Anwendungsgebiet
P=68,3 %	$\mu \pm \delta$	Für orientierende
P=95,0 %	$\mu \pm 1{,}96\delta$	Messungen
P=99,0 %	$\mu \pm 2{,}58\delta$	Für Betriebsmessungen
P=99,73 %	$\mu \pm 3{,}0\delta$	Für Präzisionsmessungen
		Für Präzisionsmessungen

Zur vollständigen Angabe zufälliger Fehler gehören also der Stichprobenumfang und eine Aussage über die statistische Sicherheit für das errechnete Ergebnis sowie für die Vertrauensgrenzen. In der Praxis werden die Zahlenwerte für die statistische Sicherheit aus einer Tabelle entnommen. Nach Anzahl der Einzelmesswerte wird der statistischen Sicherheit ein Faktor t zugeordnet, welcher die Vertrauensgrenzen neu definiert.

Mit wachsender Anzahl der Einzelmessungen wird die t-Verteilung der Normalverteilung immer ähnlicher und geht für $n \rightarrow \infty$ in diese über.

Die Tabelle zeigt, dass man bei einer geringen Anzahl von Einzelmessungen einen großen Vertrauensbereich in Anspruch nehmen muss (Tab. 3.2).

Zufällige Fehler werden durch den Stichprobenumfang sowie eine Aussage über die statistische Sicherheit für das Messergebnis definiert.

- Beispiel zu Vertrauensgrenzen:

Aus $n = 5$ Messwerten wurde als arithmetisches Mittel $\bar{x} = 2,05$ und als Standardabweichung $s = 0,248$ berechnet. Es soll der Vertrauensbereich des Mittelwertes für die statistische Sicherheit $P = 95\,\%$ bzw. $P = 99\,\%$ berechnet werden.

Wird der Mittelwert $\mu = 2,5$ von einem der Vertrauensbereiche mit umfasst?

$$\text{Lösung: } (95\,\%) = t\,(95\,\%;\ 4) \cdot \frac{0,248}{\sqrt{5}} = 2,776 \cdot 0,111 = 0,308$$

$$(99\,\%) = t(99\,\%;\ 4) \cdot \frac{0,248}{\sqrt{5}} = 4.604 \cdot 0,111 = 0,511$$

Tab. 3.2 Werte für t und $t/\sqrt{n}$ bei verschiedenen Werten des Vertrauensniveaus

Anzahl n der Einzelwerte	P = 68,26 % T	$t/\sqrt{n}$	P = 95 % t	$t/\sqrt{n}$	P = 99,73 % t	$t/\sqrt{n}$
1	1,84	1,30	12,71	8,98	235,8	166,7
2	1,32	0,76	4,30	2,48	19,21	11,09
3	1,20	0,60	3,18	1,59	9,22	4,61
4	1,15	0,51	2,78	1,24	6,62	2,96
5	1,11	0,45	2,57	1,05	5,51	2,25
8	1,08	0,38	2,37	0,84	4,53	1,60
10	1,06	0,34	2,26	0,71	4,09	1,29
13	1,05	0,29	2,18	0,60	3,76	1,04
20	1,03	0,23	2,09	0,48	3,45	0,77
30	1,02	0,19	2,05	0,37	3,28	0,60
50	1,01	0,14	2,01	0,28	3,16	0,45
80	1,00	0,11	1,99	0,22	3,10	0,35
100	1,00	0,10	1,98	0,20	3,08	0,31
200	1,00	0,07	1,97	0,14	3,04	0,21
>200	1,00	$\dfrac{1,00}{\sqrt{n}}$	1,96	$\dfrac{1,96}{\sqrt{n}}$	3,00	$\dfrac{3,00}{\sqrt{n}}$

Vertrauensbereich

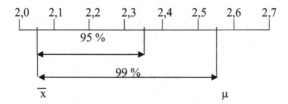

Bei Annahme einer statistischen Sicherheit von 99 % liegt der Wert $\mu = 2,5$ innerhalb der Vertrauensgrenzen.

▶ Wichtig: kleiner Stichprobenumfang: t – verteilt mit dem Freiheitsgrad $n - 1$; großer Stichprobenumfang: normal verteilt (mit dem Mittelwert 0 und dem Streuungsmaß 1).

3.5 Praxisgerechte Ermittlung der Messfehler

Messaufgabe 1 – zufälliger Fehler
Für einen Versuchsaufbau wurde in einem Labor eine Stichprobe von 10 Einzelwiderständen gemessen und ausgewertet.
   Folgende Messfehler sollen ermittelt werden:

- Mittelwert der Stichprobe $\bar{x}$
- Standardabweichung s
- Vertrauensbereich $\bar{s}$ des Mittelwertes (wird auch als mittlerer Fehler des Mittelwertes bezeichnet)
- Ergebnis aus dieser Messreihe mit Toleranzangabe
- Relative Standardabweichung

Die Auswertung der Messreihe nimmt man zweckmäßig in Form einer Tabelle vor (Tab. 3.3).

Tab. 3.3 Messwerte aus Einzelmessungen zur Mittelwertbildung

n	R_N/Ω	N	R_N/Ω
1	10,2	6	10,2
2	10,3	7	10,3
3	10,3	8	10,1
4	10,4	9	10,4
5	10,1	10	10,3

Arithmetischer Mittelwert $\bar{x}$

$$\bar{x} = \frac{1}{n} \sum_{i=1}^{n} xi$$

$$\mathbf{\bar{x} = 10{,}26 \; \Omega}$$

Standardabweichung s

$$s = \sqrt{\frac{\sum_{i=1}^{n} (\Delta xi)^2}{n-1}}$$

$$s = \sqrt{\frac{0{,}1040}{9}} = \sqrt{0{,}0116}$$

$$\mathbf{\bar{S} = 0{,}108}$$

Vertrauensbereich des Mittelwertes $\bar{s}$

$$\bar{s} = \frac{s}{\sqrt{n}} = \sqrt{\frac{\sum_{i=1}^{n} (\Delta xi)^2}{n(n-1)}}$$

$$\bar{s} = \sqrt{\frac{0{,}1040}{90}} = \sqrt{0{,}0012}$$

$$\mathbf{\bar{s} = 0{,}035}$$

Ergebnis der Messreihe mit Toleranzangabe (gerundet)

$$x = \bar{x} \pm \bar{s}$$

$$\mathbf{x = 10{,}26 \pm 0{,}04}$$

Relative Standardabweichung

$$\delta = \frac{\Delta x}{\bar{x}} \cdot 100\,\% \qquad (\Delta x = \bar{s})$$

$$\delta = \frac{0{,}04}{10{,}26} \cdot 100\,\%$$

$$\mathbf{\delta = 0{,}4\,\%}$$

Die relative Standardabweichung beträgt $\delta = \mathbf{0{,}4\,\%}$.

Praxisbezug
Ein Ergebnis ist umso zuverlässiger, je mehr Einzelmessungen dem Mittelwert zugrunde liegen. Eine sehr hohe Anzahl von Messungen ist jedoch auch nicht sinnvoll, da $\bar{s}$ nur sehr langsam kleiner wird. Es ist immer zweckmäßiger, eine geringere Anzahl Messungen sorgfältig als eine große Zahl oberflächlich auszuführen.

Messaufgabe 2 – Untersuchung der Prüfmitteleignung
Für ein Prüfmittel soll ein Eignungsnachweis erstellt werden. Folgende Angaben wurden für den Eignungstest erstellt:

- Messgröße: XXX
- Toleranz aus Fertigung: $T = 0{,}08$ (Forderung: $< 5\ \%$)
- Skalenteilungswert: $Skw = 0{,}002$
- Faktor, abhängig von der Messgröße: $km = 0{,}3$
- Bereichsabhängiger Faktor: $K_p = 4$
- Wahrer Wert der Messgröße (Normal): $x_w = 5{,}19650$
  (aus gültigem Kalibrierschein)
- Anzahl der Wiederholungsmessungen: $n = 20$

Grenzwert der Messunsicherheit zur Beurteilung der Eignung des Prüfmittels: U_{grenz} evtl. durch Korrektion verändern.

In diesem Beispiel sind alle Größenangaben von gleicher Dimension. Eine Dimensionsangabe wurde wegen der Allgemeingültigkeit nicht angegeben.

Die Wiederholungsmessungen sind unter den zulässigen Rahmenbedingungen in einem Messraum von einem erfahrenen Techniker innerhalb kurzer Zeit durchzuführen.

Berechnung der minimalen Messunsicherheit
Skalenteilungswert des Prüfmittels $Skw = 0{,}002$

Standardabweichung aus Wiederholungsmessungen $U_m = 0$

Minimale Messunsicherheit $U_{\mathrm{min}} = \frac{Skw}{2 \cdot \sqrt{3}} = 0{,}00058$

Festlegung der Mindestauflösung

Skalenteilungswert des Prüfmittels $Skw = 0{,}002$

Forderung für die Toleranz $T = 0{,}08$

Mindestauflösung $\frac{Skw}{T} \cdot 100\ \% = 2{,}5\ \%$

Die Bedingung der Mindestauflösung ist erfüllt, da sie kleiner als $5\ \%$ ist.

Bestimmen des Grenzwertes für die Eignungsentscheidung

Messgrößenabhängiger Faktor $km = 0{,}3$

Berechnung des Grenzwertes für die Eignungsentscheidung: $U_{\mathrm{grenz}} = \frac{km \cdot T}{2} = 0{,}012$

Berechnung der Messunsicherheit für die Messwerte des Prüfmittels

Die Messungen werden mit einem kalibrierten Normal durchgeführt. Der Istwert des Normals wird mit: $x_w = 5{,}19650$ angesehen. Es werden $n = 20$ Wiederholungsmessungen durchgeführt.

Für jede einzelne Messung wird das Normal an das Prüfmittel angeschlossen und der Messwert abgelesen.

Das Diagramm (Abb. 3.3) zeigt die Messwerte der Wiederholungsmessungen.

Die Messwerte werden in eine Tabelle eingetragen (Tab. 3.4).

Arithmetischer Mittelwert der Messwerte bei $n = 20$ Messungen

$$\bar{x} = \frac{1}{n} \sum_{i=1}^{n} xi = 5{,}1971$$

Abb. 3.3 Auswertung der Messwerte

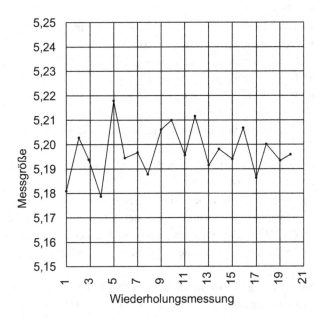

Tab. 3.4 Einzelmesswerte zur Mittelwertbildung

n	x_i	n	x_i
1	5,182	11	5,195
2	5,203	12	5,212
3	5,194	13	5,191
4	5,178	14	5,198
5	5,218	15	5,194
6	5,194	16	5,207
7	5,196	17	5,186
8	5,188	18	5,201
9	5,206	19	5.193
10	5.210	20	5.196

Systematische Abweichung

$$e = x_m - x_w = 0{,}0006 \qquad (x_m = \bar{x} \text{ aus 20 Einzelmessungen})$$

Empirische Standardabweichung aus den Wiederholungsmessungen als Wert für die Messunsicherheit

$$s = \sqrt{\frac{1}{n-1} \sum_{i=1}^{n} (xi - \bar{x})^2} = 0{,}0101$$

Summe aus Betrag der systematischen Abweichung e und der Messunsicherheit s

$$|e| + s = \mathbf{0{,}011}$$

Dieser Messwert ist für die Entscheidung wichtig, ob die Messwerte um die systematische Abweichung e korrigiert werden müssen. Eine Korrektion kann eine Zentrierung der Messwertverteilung um den richtigen Wert herstellen.

Verwendete Berechnungsfunktionen

- Ermittlung der empirischen Standardabweichung unter Wiederholbedingungen
  - aus den Messergebnissen:

$$s = \sqrt{\frac{1}{n-1} \sum_{i=1}^{n} (x_i - \bar{x})^2}$$

  - arithmetischer Mittelwert

$$\bar{x} = \frac{1}{n} \sum_{i=1}^{n} x_i$$

- Berechnung der Mindestauflösung
$$\frac{\text{Skw}}{\text{T}} \cdot 100\,\% \ (\leq 5\,\%)$$
- Grenzwert der Messunsicherheit für die Beurteilung der Eignung
$$U_{\text{grenz}} = \frac{\text{km} \cdot \text{T}}{2}.$$
- Berechnung der systematischen Messabweichung

$$e = x_m - x_w$$

Summe aus Betrag der systematischen Abweichung e

$$|e| + s$$

Eignungsindex für die Prüfmitteleignung

$$1 \leq \frac{u_{\text{grenz}}}{u_m} = C_g$$

$u_{\text{grenz}} =$ Grenzwert der Messunsicherheit zur Beurteilung der Eignung eines Prüfmittels

$u_m =$ Messunsicherheit des Prüfmittels, gemessen mit einem Normal

$Cg =$ Index zur Bewertung der Prüfmitteleignung

Vorbereitung, Ausführung und Auswertung von Messaufgaben mit analogen und digitalen Messgeräten

Zusammenfassung

Vor der Ausführung von Messaufgaben ist eine gründliche Vorbereitung sehr wichtig, da die Auswahl der Prüfmethode, des Prüfmittels sowie der Rahmenbedingungen die Messabweichungen beeinflussen. Aufgrund ihrer Messwertausgabe werden Messgeräte in analoge und digitale Geräte unterteilt. Bei den analogen Messgeräten werden die Vor- und Nachteile von Drehspul- und Dreieisenmesswerken sowie von elektrodynamischen Messwerken gegenübergestellt. Die Fehleranteile dieser Messgeräte werden in Grundfehlergrenzen zusammengefasst und als Fehlerklassen bezeichnet. Im Grundfehler sind Fehleranteile durch die Umkehrspanne, die Ansprechunempfindlichkeit, die Drift sowie die Linearität enthalten. Zur Messung größerer Spannungen oder höherer Ströme werden Messbereichserweiterungen vorgenommen. In der digitalen Messwertverarbeitung nehmen Signalparameter nur definierte Werte an und die Darstellungsgenauigkeit wird durch die Anzahl der Zustände bestimmt. Zur Analog-Digital-Wandlung werden unterschiedliche Verfahren, wie z. B. das Mehrfach-Rampen-Verfahren, das Single-Slope-Einrampen-Verfahren oder die sukzessive Approximation verwendet. In der Digitaltechnik werden zur Messung von Gleich- und Wechselgrößen sowie von unterschiedlichen Bauelementen, z. B. Widerstände in Zwei- und Vierdrahttechnik, Digitalmultimeter verwendet. Für die am häufigsten verwendeten Messverfahren werden viele messtechnische Hinweise gegeben.

© Springer Fachmedien Wiesbaden GmbH, ein Teil von Springer Nature 2021
W. Helbig, *Praxiswissen in der Messtechnik*,
https://doi.org/10.1007/978-3-658-27802-1_4

4.1   Aufgaben und Ziele des Qualitätsmanagements

Die Vielseitigkeit elektrischer Messverfahren ist außerordentlich groß. Das bezieht sich nicht nur auf die wichtigsten statischen und dynamischen Kenngrößen, wie Messbereich, Empfindlichkeit, Fehlergrenzen, Zeitkonstanten usw., sondern vor allem auch auf die Variabilität und Anpassungsfähigkeit der Verfahren.

Ein wichtiger Teil des Qualitätsmanagements ist das Prüfmittelmanagement (PMM), welches die Auswahl, Beschaffung und Überwachung der Mess- und Prüfgeräte festlegt. Die Prüfmethoden sowie die erforderlichen Normen bestimmen die richtige Auswahl der dazu benötigten Prüfmittel.

Das Ziel des Prüfmittelmanagements besteht darin, Messabweichungen nach Möglichkeit zu vermeiden, Fehler schnell zu erkennen und, wenn nötig, Korrekturmaßnahmen einzuleiten. Auch die richtige Handhabung und Lagerung der Prüfmittel sowie die Auswertung und Lenkung der Qualitätsaufzeichnungen gehören zum PMM:

Damit wird sichergestellt, dass alle Voraussetzungen für den vorgesehenen Einsatz der Prüfmittel erfüllt sind.

▶ **Prüfmittel** sind Messmittel, die zur Darlegung der Konformität bezüglich festgelegter Qualitätsforderungen benutzt werden.

Das QM-Element Prüfmittelüberwachung verlangt, dass der Lieferant Verfahrens-anweisungen zur Darlegung der Konformität von Produkten mit festgelegten Qualitäts-forderungen erstellt.

Alle im Einsatz befindlichen Prüfmittel sind zu überwachen und nach einem fest-gelegten Turnus zu kalibrieren. Auch Prüfsoftware muss überwacht und bei Bedarf aktualisiert werden.

Prüfmittel werden zur Feststellung der Konformität der Produkte nach festgelegten Qualitätsforderungen eingesetzt.

Messmittel wird als Oberbegriff im Prüfmittelmanagement verwendet. Messmittel sind alle Messgeräte, Hilfsmittel und Referenzmaterialien, um eine Messung durch-zuführen. Wird mit einem Messmittel die Konformität der Produkte nach festgelegten Qualitätsforderungen bescheinigt, handelt es sich um ein Prüfmittel. Jedes Prüfmittel unterliegt der Prüfmittelüberwachung.

4.2   Auswahl, Beschaffung und Einteilung der Mess- und Prüfmittel

Für die richtige Wahl des Prüfmittels ist es notwendig, die Forderungen an das zu prüfende Produkt genau zu analysieren. Folgende wichtige Eingangsinformationen sind bei der Prüfmittelauswahl zu beachten:

- Alle Kriterien zur Aufgabenstellung
- Vorgaben aus Normen, Prüfvorschriften und internen Anweisungen
- Messbedingungen (Umweltbedingungen, Störgrößen)
- Auswahlkriterien zur Aufgabenlösung (dabei werden unterschiedliche Prioritäten gesetzt)

Die grundsätzliche Entscheidung, ob ein Prüfmittel für die Messaufgabe geeignet ist, wird durch das Verhältnis der Messunsicherheit zur Qualitätsforderung bestimmt. Im Kap. 3 wurden Verfahren zur Ermittlung der Prüfmitteleignung beschrieben.

4.2.1   Vorbereitung der Messaufgabe durch Optimierung der Prüfmittel

Die richtige Zuordnung der Prüfmittel wird in der Praxis meistens durch ein analytisches Verfahren bestimmt (Abb. 4.1).

4.2.2   Einteilung der Messgeräte

Messgeräte werden zur quantitativen Bestimmung von physikalischen Größen eingesetzt. Sie lassen sich grundsätzlich entsprechend ihrer Messwertausgabe in analoge und digitale Messgeräte unterteilen.

Bei analogen Messgeräten wandelt das Messwerk durch elektromagnetische Wirkung die Messgröße in eine Bewegung um. In den meisten Fällen wird eine Drehbewegung ausgeführt, um eine Anzeige an der Skale durch Ausschlag des Zeigers zu erhalten.

Die Eingangsgröße X_e erzeugt eine gegen eine Feder wirkende Kraft (Ausschlagprinzip). Dabei wird die Eingangsgröße belastet, da sie gegen die Feder eine Arbeit leisten muss, wodurch der Messwert verändert wird.

In der Praxis wird die Eingangsgröße oft erst einem Verstärker zugeführt, welcher nur eine geringe Eingangsleistung benötigt und den Messwert konstant hält.

Messgeräte, welche nach dem Ausschlagprinzip arbeiten, sind einfach aufgebaut und arbeiten zuverlässig.

Im Gegensatz zum Ausschlagprinzip wird beim Kompensationsprinzip der Eingangsgröße keine Energie entzogen. Der Eingangsgröße wird meist automatisch eine entgegengesetzt gleich große Größe entgegengeschaltet. Als Maß für die Eingangsgröße dient der Wert der Kompensationsgröße. Kompensationsmessgeräte arbeiten sehr genau, aber mit einem etwas höheren Aufwand.

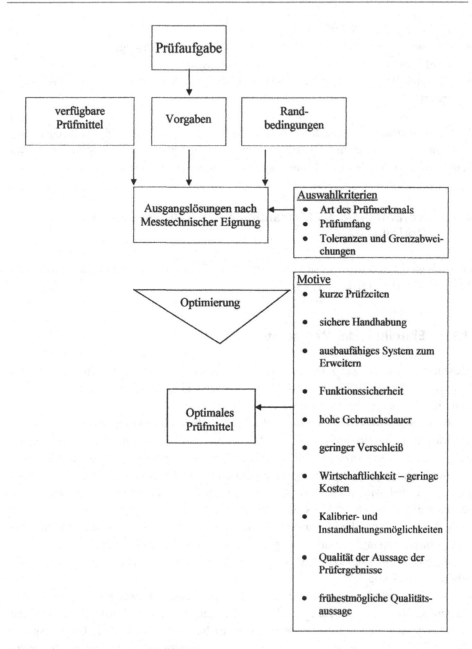

Abb. 4.1 Optimierung der Prüfmittelauswahl

4.2.2.1 Elektrische Messgeräte mit Messwerkfunktion

4.2.2.2 Aufbau und Arbeitsweise der Geräte (Auszug)

Dreheisenmessgeräte (Weicheiseninstrument)

Das Dreheiseninstrument (Abb. 4.2) wird zur Messung von Wechselströmen und Wechselspannungen eingesetzt.

In einer vom Messstrom durchflossenen Rundspule stehen sich zwei weich-magnetische Kernteile gegenüber. Ein Teil ist am Spulenkörper befestigt, das andere mit der drehbaren Achse verbunden. Die Kraftwirkung entsteht durch Abstoßung infolge gleichsinniger Magnetisierung. Bei konstanter Breite der Weicheisenteile sind Drehmoment und Ausschlagwinkel proportional dem Quadrat der Stromstärke. Bei entsprechender Formgebung sind linearisierte Skalenteilungen möglich.

Vorteil   unmittelbare genaue Anzeige des Effektivwertes
Nachteil   Durch die Wirbelstrombildung im Eisen ist der Frequenzbereich auf wenige
            Hundert Hertz begrenzt.

Drehspulmesswerk

Das Prinzip dieses Messwerkes beruht auf der Kraftwirkung auf einen stromdurch-flossenen Leiter in einem Magnetfeld. Ein Dauermagnet erzeugt in einem Luftspalt zwischen zwei Polschuhen und einem Kern ein zeitlich konstantes, radial homogenes Magnetfeld. Zwei Spiralfedern führen einer Drehspule den Messstrom zu und erzeugen gleichzeitig ein dem Ausschlagwinkel proportionales Rückstellmoment (Abb. 4.3).

Abb. 4.2 Dreheisenmesswerk
(Rundspulausführung)

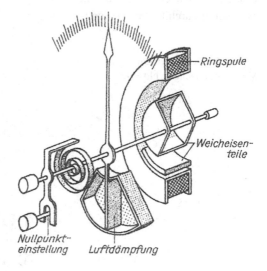

Abb. 4.3 Drehspulmesswerk
(Außenmagnetausführung). 1
Eisenkern, 2 Polschuhe, 3
Dauermagnet

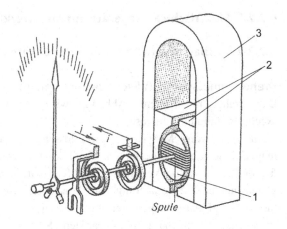

Vorteil	Dieser Messwerktyp arbeitet mit der höchsten Empfindlichkeit und Genauigkeit. Durch Messbereichserweiterung sind Storm- und Spannungsmessungen für einen sehr großen Bereich möglich.
Nachteil	Wegen des konstanten Magnetfeldes reagiert das Instrument auf den Mittelwert des durchfließenden Stromes. Dadurch ist es für Wechselstrommessungen nur mithilfe von Messgleichrichtern oder Thermoumformern einsetzbar.

Elektrodynamisches Messwerk

Das eisengeschlossene Messwerk ähnelt dem Drehspulmesswerk, hat aber statt des Dauermagneten ein elektromagnetisches System, dessen Spulen ebenfalls von einem Messstrom durchflossen werden (Abb. 4.4).

Abb. 4.4 Elektrodynamisches
Messwerk (eisengeschlossen)

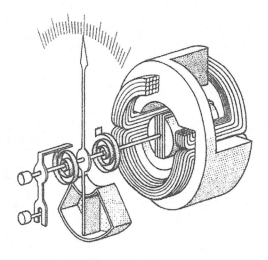

Hier handelt es sich um ein Messinstrument, dessen Messwerk die Kraftwirkung auf eine stromdurchflossene Spule im Feld einer zweiten, meist feststehenden Spule ausübt. Das Messinstrument kann als Leistungsmesser eingesetzt werden. Dazu wird die feststehende Spule als Stromspule und die bewegliche als Spannungsspule ausgelegt.

Vorteil   Bei gleicher Auslegung beider Spulen wird das Instrument als genauer Effektivwertmesser für Strom und Spannung verwendet.

Nachteil   Das Instrument kann nur bei Frequenzen < 1 kHz eingesetzt werden.

4.3   Fehlerkenngrößen für Messgeräte

Alle Fehlerangaben für Messgeräte sind in der Regel Fehlergrenzen. Deshalb muss vor Beginn der Prüfaufgabe genau analysiert werden, ob es sich bei den Fehlergrenzen um Forderungen handelt, welche von einem Messgerät erfüllt werden sollen, oder ob sie der Realität entsprechen.

Eich- oder Kalibrierfehlergrenzen sind Fehlergrenzen im Sinne von Forderungen. Dabei handelt es sich um die maximalen Abweichungen, welche laut Eich- oder Kalibrierschein zulässig sind.

Die vom Messgerätehersteller festgelegten Fehlergrenzen heißen Garantiefehlergrenzen oder Fehlerklassen. Bei den Herstellerangaben sind alle Rahmenbedingungen genau zu prüfen und in die Fehlerbetrachtung einzuarbeiten.

In der Praxis ist es üblich, die wichtigsten Fehleranteile zusammenzufassen. Der dabei entstehende Fehler wird als Grundfehler (δ_{Gr}) bezeichnet.

Ein Grundfehler kann nur im Sinne von Grundfehlergrenzen aufgefasst und verarbeitet werden.

Durch die Definition (Messgeräte) muss festgelegt sein, für welchen Punkt der statischen Kennlinie der Grundfehler gilt.

Für die Berechnung wählt man den Punkt aus, bei dem der gemessene Wert von Xe die größte Abweichung vom richtigen Xe-Wert aufweist.

Definition Grundfehler: $\delta_{Gr} = \left| X_{mess} - X_{richtig} \right|_{max}$.

reduzierte Grundfehlergrenzen: $\delta_{Gr} = \dfrac{\delta_{Gr}}{M_{Sp}} \cdot 100\%$

Viele Messgeräte, vor allem Analoggeräte, werden in Fehlerklassen eingeteilt. Der festgelegte Zahlenwert der Fehlerklasse ist der vorzeichenlose Wert der reduzierten Grundfehlergrenze in Prozent.

Alle elektrischen Messgeräte sowie die Geräte der Steuer- und Regelungstechnik werden in Fehlerklassen eingeteilt.

Folgende Fehlerklassen sind zulässig:

0,01; 0,025; 0,06; 0,1; 0,2; 0,25; 0,4; 0,5; 0,6; 1; 1,5; 1,6; 2,5; 4.

▶ Wichtig: Die Fehlerklassen 0,2; 0,5 und 1,5 sind nur für elektrische Messgeräte zugelassen.

In der chemischen Industrie sind noch die Klassen 6 und 10 zugelassen.
Zwei Beispiele zu Fehlerklassen:

1. Ein Strommesser ist für folgende Fehlerklassen zugelassen: 1; 1,5; 1,6 und 2,5
   Die genaue Angabe für Klasse 1,6 lautet:

$$1,5\ \% < |\delta_{1,6}| \leq 1,6\ \%\ \text{als Grundfehlergrenze}$$

2. Für einen Spannungsmesser legt der Hersteller die Fehlerklasse 0,5 fest. Der Messbereich des Gerätes beträgt 0 bis 150 V. Es soll eine Spannung von 20 V gemessen
   werden.

Der auf 20 V bezogene Fehler beträgt:

$$\delta = 0,5\ \text{V}/20\ \text{V} = 0,025 = 2,5\ \%$$

4.3.1 Bewertungskriterien des statischen Verhaltens für Mess- und Prüfgeräte

Die größte betragsmäßig zulässige Abweichung der realen von der idealen statischen
Kennlinie wird als absoluter Grundfehler Δx bezeichnet. Dabei ist es unabhängig, an
welcher Stelle der Kennlinie diese Messabweichung auftritt.

Bezogen auf den ermittelten Messwert x oder den wahren Wert x_{wahr} entsteht der
relative Fehler δ.

$$\delta = \frac{\Delta x}{X} \quad \text{oder} \quad \delta = \frac{\Delta x}{X_{wahr}}$$

In der Praxis ist bei einem Vergleich von Messeinrichtungen und Messgeräten die
Angabe des relativen Fehlers schlecht geeignet, da der aktuelle Messwert immer verfüg-
bar sein muss.

Deshalb wird der absolute Fehler Δx immer auf den Bereichsumfang bezogen, wobei
dieser reduzierte Grundfehler als allgemeine Kenngröße benutzt wird.

$$\delta° = \frac{\Delta x}{\hat{x} - \underset{\sim}{x}} = \frac{\Delta x}{x_{max} - x_{min}}$$

Alle Messeinrichtungen werden durch Auswertung des reduzierten Fehlers klassifiziert.
Beispiel:
Ein Spannungsmesser der Klasse 0,1 hat eine reduzierte Grundfehlergrenze
$\delta_{Gr} = \pm 0,1\%$. Der Messbereich beträgt 0 bis 10 V.
Folglich ist die Grundfehlergrenze $\delta_{Gr} = \pm 0,01$ V.

Bei jeder Messung muss beachtet werden, dass der Messwert mit einem Fehler von $\delta_{Gr} \leq \pm 0,01$ V behaftet ist.
Folgende Fehleranteile sind im Grundfehler enthalten und werden kurz erläutert.

- Umkehrspanne:

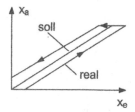

Ist die größte Differenz der Ausgangssignale für den gleichen Wert der Eingangsgröße, d. h. Verschiebung der realisierten Kennlinie gegenüber der Soll-Kennlinie bei steigendem X_e nach kleinerem X_a und bei abnehmendem X_e nach größeren Werten von X_a.

- Ansprechunempfindlichkeit:

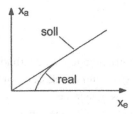

Die Messung beginnt erst, wenn X_e einen endlichen Wert > 0 erreicht hat.

▶   **Praxistipp** Durch die Ansprechunempfindlichkeit und Reibungsfehler ist es wichtig, bei analogen Messgeräten erst ab dem zweiten Drittel auf der Skala zu messen.

- Drift:

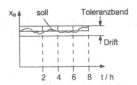

Ist der Betrag der größten Abweichung der Ausgangsgröße bei konstanter Eingangsgröße in einer vorgegebenen Zeitspanne.

▶   **Praxistipp** Herstellerangaben beachten und regelmäßig eine Nullpunkt-
kontrolle durchführen.

- Linearitätsfehler
  (Linearisierung durch Sekante):

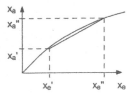

Bei der Anwendung einer Linearisierung wird die nichtlineare Kennlinie
$X_a = f(X_e)$ mit Xe als Eingangsgröße und Xa als Ausgangsgröße durch eine Gerade
ersetzt.
Liegen bei einem Messgerät Anfangs- und Endwert des Messbereichs fest, so wird
zur Berechnung die Sekanten-Linearisierung ausgewählt.
K ist der proportionale Übertragungsfaktor.

$$K = \frac{X_a'' - X_a'}{X_e'' - X_e'}$$

Die Charakterisierung der Güte von Messgeräten und Messeinrichtungen wird grundsätzlich durch die Fehlerklasse festgelegt. Eine Einteilung in Genauigkeitsklassen wird
aus dem Anzeigefehler, bezogen auf den Messbereichsendwert, festgelegt.
Ein Messgerät mit einem Anzeigefehler von 0,2 % wird der Klasse 0,2 zugeordnet.

Praxisbezug
Bei einem Vergleich von Messgeräten verschiedener Hersteller lohnt es sich, die
technischen Angaben genau zu lesen. In vielen Fällen sind die Zahlenwerte nicht
vergleichbar und das Messgerät ist für die Messaufgabe **nicht** geeignet.

Vergleich von Messgeräten verschiedener Hersteller
Beispiel: Amplitudengenauigkeit
   Die Hersteller geben die Genauigkeit für den Messbereich als Spitzenwert oder
Effektivwert mit definiertem Crest-Faktor (z. B. CF = 3) an.
   Hersteller A gibt seinen Fehler wie folgt an:

$$\pm (0,1 \% \text{ MW} + 0,1 \% \text{ MB}) - \text{Der MB ist als Effektivwert angegeben.}$$

Hersteller B gibt seinen Fehler wie folgt an:

$$\pm (0,1 \% \text{ MW} + 0,05 \% \text{ MB}) - \text{Der MB ist als Spitzenwert angegeben.}$$

Bei **50 %** Aussteuerung ergeben sich folgende Fehler:

Für A ergibt sich: $\pm(0{,}1\ \% + 0{,}2\ \%) = \pm 0{,}3\ \%$

Für B ergibt sich: $\pm(0{,}1\ \% + 0{,}1\ \% \cdot 3) = \pm 0{,}4\ \%$

MW	= Messwert
MB	= Messbereich
CF	= Crest-Faktor (Scheitelfaktor)
$\hat{x}$	= Spitzenwert
$\tilde{x}$	= Effektivwert
CF	$= \dfrac{\hat{x}}{\tilde{x}}$

Vor Beginn jeder Messung sollte man diese Angaben genau prüfen!

4.3.2 Messbereichserweiterung – Spannungsmessung

Messaufgabe: Das für die Messaufgabe vorgesehene Drehspulinstrument hat einen Messbereich von 10 V. Der Messwerkwiderstand beträgt 250 Ω. Es sollen Spannungsmessungen bis zu 50 V durchgeführt werden.

Welche Größe muss der Vorwiderstand haben?

Der Vorwiderstand R_V wird über die Spannungsteilerregel bestimmt (Abb. 4.5):

$$\frac{Rv}{Rg} = \frac{Uv}{Ug} = \frac{U - Ug}{Ug} = \frac{U}{Ug} - 1 = n - 1$$

$$\frac{U}{Ug} = n$$

$$Rv = Rg(n - 1)$$

Bereichserweiterungsfaktor: n $\dfrac{U}{Ug} = n$

Für die zu messende Spannung beträgt der Bereichserweiterungsfaktor:

$$n = \frac{U}{Ug} = \frac{50\,\text{V}}{10\,\text{V}} = 5$$

$$R_V = R_g(n - 1) = 250\ \Omega\,(5 - 1) = 1000\ \Omega$$

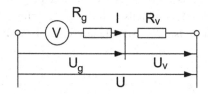

Abb. 4.5 Spannungsmessbereichserweiterung

4.3.3 Messbereichserweiterung – Strommessung

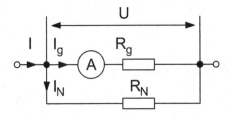

Abb. 4.6 Strommessbereichserweiterung

Der Nebenwiderstand R_N wird über die Stromteilerregel ermittelt (Abb. 4.6):

$$\frac{R_g}{R_N} = \frac{I - Ig}{Ig} = \frac{I}{Ig} - 1 = n - 1$$

$$R_N = R_g \frac{1}{n - 1}$$

▶   Wichtig: Für die Messbereichserweiterung mit Nebenwiderständen sollte man
    auf den Einsatz von Umschaltern verzichten. Durch die Kontaktwiderstände des
    Umschalters erhöht sich die Messunsicherheit.

4.4   Digitale Messwertverarbeitung

4.4.1 Digitale Signale

Digitale Signale sind wie folgt gekennzeichnet:

- Signalparameter nehmen nur definierte Werte an.
- Darstellungsgenauigkeit wird durch die Anzahl der Zustände bestimmt.
- Störsicher und ohne Alterungseffekte.

Messsignale können nicht direkt weiterverarbeitet werden, sondern sie müssen durch
AID-Wandlung den Erfordernissen zur Messwertverarbeitung angepasst werden.

Eine genaue Analyse des Messsignals liefert sichere Informationen im Amplituden-
und Zeitbereich. Außerdem ist die Signalanalyse zum Aufbereiten der Messwerte
wichtig.

4.4.2   Messprinzip

Die Digitaltechnik hat den großen Vorteil, dass die Signalinformationen, welche meist in Form von Computerdaten vorliegen, bei der Übertragung als solche behandelt werden können. Zuerst wurde das analoge Frequenzmultiplexverfahren durch das Zeitmultiplexverfahren abgelöst

Ein neues Messprinzip zurAnalog-Digital-Wandlung ist das Mehrfach-Rampen-Verfahren (Abb. 4.7). Durch dieses Verfahren wird eine sehr gute Linearität sowie Langzeitstabilität erreicht.

Außerdem bietet dieses Verfahren eine hohe Auflösung sowie die Unterdrückung von Störungen.

Ein kleiner Nachteil dieses Verfahrens ist die Anfälligkeit auf thermische Schwankungen.

In diesem Verfahren ist keine Abtasthalteschaltung erforderlich.

Durch den Strom I_{ref} aus der Referenzspannungsquelle wird der Kondensator C in periodischen Abständen entladen. Die Entladungszeiten sind im Diagramm von t_1 bis t_n dargestellt (Abb. 4.8).

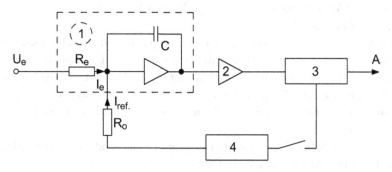

Abb. 4.7 Prinzipschaltbild für Mehrfach-Rampen-Verfahren: 1 – Integrationsverstärker, 2 – Komparator, 3 – Eingangs-Ausgangs-Signalverknüpfung, 4 – Referenzspannungsquelle

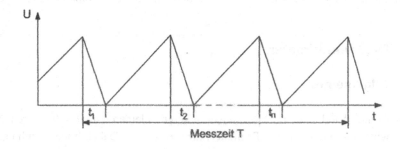

Abb. 4.8 Ausgangssignal am Integrator

Die Referenzspannung mit dem Widerstand R_O wird zur Auf- und Abintegration verwendet.

Das Ende einer Abintegration wird durch das Zusammentreffen von Komparatorausschlag und einer Pulsflanke des Taktoszillators festgelegt.

Für die Dauer einer Messzeit ist die Gesamtladungsänderung des Kondensators C Null, das heißt, die Summe aller Entladezeiten t_i ist zum Mittelwert der Eingangsspannung proportional und wird als Messergebnis angezeigt.

$$\frac{1}{T} \int Ue \, dt = -\frac{Re}{RoT} U_{\text{ref}} \sum t_i$$

4.4.3 Weitere Verfahren

Neben dem Mehrfach-Rampen-Verfahren gibt es folgende Umsetzverfahren:

- Single-Slope (Sägezahn-Einrampen-Verfahren)
  In diesem Verfahren ist die Umsetzungszeit abhängig von der Eingangsspannung. Gegenüber dem Mehrfach-Rampen-Verfahren ist es für viele Anwendungen zu ungenau. Der Vorteil liegt nur bei einem geringeren Aufwand.
- Sukzessive Approximation
  Hier liefert ein interner D-A-Wandler einen Vergleichswert. Durch dieses Verfahren ist eine einfache und redundante Umsetzung möglich. Dabei stellt der Wandler zunächst fest, ob das Signal in der unteren oder oberen Hälfte des Messbereichs liegt. Anschließend werden die Bereiche immer wieder geteilt, sodass eine sukzessive Näherung an das Ergebnis erreicht wird. Für einen Schritt wird immer ein Bit geliefert.
- Flash-Umsetzer
  Flash-Umsetzer haben eine hohe Leistungsaufnahme, sind aber sehr schnell und dadurch in vielen Messgeräten einsetzbar.
  In der Praxis verwendet man sie in Digitaloszilloskopen, digitalen Impulsgeneratoren sowie zur Digitalisierung von Videosignalen.
  Flash-Umsetzer wenden ein paralleles Verfahren an, wobei ein Vergleich benötigt wird. Für diesen Vergleich wird ein separat implementierter Komparator verwendet.

4.5 Digitalmultimeter

4.5.1 Allgemeines

Der weltweite Wandel zu noch leistungsstärkeren, kleineren und schnelleren Messgeräten wird vor allem in der Digitaltechnik vollzogen. Dabei bilden arithmetische und logische Verknüpfungsschaltungen die Basis für die Herstellung noch modernerer Mikroprozessoren.

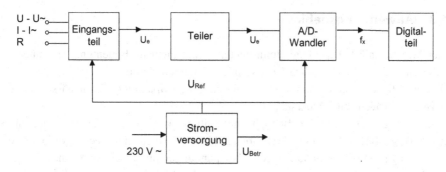

Abb. 4.9 Digitalmultimeter (Grundstruktur)

Kernstück von jedem Digitalmultimeter (Abb. 4.9) ist ein Analog-Digitalwandler, welcher abhängig vom Anwendungsfall nach verschiedenen Methoden aufgebaut ist. Das Eingangsteil wandelt die zu messende physikalische Größe nach entsprechender Wahl von Betriebsart und Messbereich in eine der Messgröße proportionale Gleichspannung U_e um.

A-D-Wandler werden ständig weiterentwickelt und den Erfordernissen in der Messtechnik angepasst. In der modernen Informationsverarbeitung sind A-D-Wandler bereits zentrale Baugruppen.

4.5.2 Funktionsprinzip

In der Grundstruktur des Digitalmultimeters sind die Baugruppen für die Verarbeitung der Eingangssignale bis zur Anzeige dargestellt.

Die an den Eingangsbuchsen liegenden Messgrößen Spannung, Strom oder Widerstand werden nach entsprechender Wahl von Betriebsart und Messbereich in eine der Messgröße proportionale Gleichspannung gewandelt. Diese Gleichspannung wird über den Teiler je nach Betriebsart und Messbereich als positive oder negative Spannung der Größe 0 bis 2 V auf den AID-Wandler gegeben. Im AID-Wandler wird die Spannung 0 bis 2 V in eine proportionale Impulsfolge f_x umgesetzt und dem Digitalteil zugeführt.

Im Digitalteil wird die Impulsfolge f_x zur multiplexen Ansteuerung der Segmentanzeige in eine dafür geeignete Form gebracht.

Hier erfolgt auch die Ablaufsteuerung für automatische, einmalige oder externe Auslösung des Messvorganges. Außerdem werden noch alle Informationsausgangssignale sowie die Speicherfunktionen bereitgestellt.

Von der Stromversorgung werden die benötigten Betriebsspannungen sowie die Referenzspannung geliefert. Die Referenzspannung U_{Ref} wird bei der AID-Wandlung sowie zur Widerstandsmessung benötigt.

4.5.3 Anwendungsgebiet

In der Messtechnik hat das Digitalmultimeter immer mehr an Bedeutung gewonnen, da mit diesem Gerät sehr viele elektrische Größen gemessen werden.

Die wichtigsten Funktionen sind die Messung von Spannung, Stromstärke (Gleich- und Wechselgrößen) und Widerstand.

Die Messgrößen und die Bereichsumschaltung können mechanisch oder automatisch vorgenommen werden. Präzisionsmultimeter bieten meist beide Varianten der Umschaltung sowie einen Schutz gegen Überspannungen und Überlastung an.

Außerdem wird von hochwertigen Digitalmultimetern der Effektivwert bei Wechselgrößen gemessen.

Der Effektivwert ist der quadratische Mittelwert einer periodischen Größe $x(t)$ in einer Periodendauer. Als Zusatzfunktionen können von vielen Geräten noch die Messgrößen Temperatur, Kapazität und Induktivität ermittelt werden. Für die Temperaturmessung wird ein externer Sensor benötigt.

Verschiedene Hersteller bieten zusätzlich noch Funktionstests für Bauelemente wie Transistoren, Thyristoren und Dioden an.

Bei moderneren Geräten wird eine serielle Schnittstelle zur Datenübertragung für Automatisierungslösungen angeboten.

4.5.4 Zusatzfehler und Herkunftsbereiche in der digitalen Messtechnik

4.5.4.1 Quantisierungsfehler

Ein typischer Fehler für die gesamte digitale Messtechnik ist der Quantisierungs-fehler. Er ist ein systematischer Fehler eines AID-Wandlers. Bei der Quantisierung sind nur endlich viele Werte möglich, während die analoge Messgröße innerhalb ihres Amplitudenbereiches unendlich viele Werte annehmen kann.

Durch Zuordnung eines diskret gestuften Signals zu einer analogen Messgröße entstehen Quantisierungsschnitte.

Sind die Messgrößenänderungen kleiner als die kleinste Quantisierungsstufe, sind sie nicht mehr wahrnehmbar (Inkrement).

Durch die Anwendung einer Inkrementalmethode (Zählung) muss nun der Zählfehler beachtet werden. Dieser Zählfehler soll durch „Start-Stopp"-Signale analysiert werden (Abb. 4.10).

Das Zählergebnis ist immer um den Betrag „eins" unsicher, da die Möglichkeit besteht, dass ein Ereignis gezählt oder nicht gezählt wird.

Der Zählfehler wird als digitaler Restfehler $\Delta_n = \pm 1$ bezeichnet.

Für n zu zählende Impulse beträgt der relative Fehler der Zählmessung:

$$\delta = \frac{\Delta n}{n} = \pm \frac{1}{n}$$

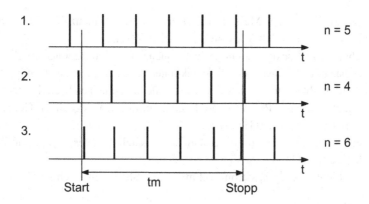

Abb. 4.10 Zählfehler (digitaler Restfehler) bei konstanter Messzeit t_m

Praxisbezug

Durch eine höhere Auflösung des verwendeten Messgerätes kann man diesen Fehler verkleinern, aber nicht beseitigen.

Bei preiswerten digitalen Messgeräten wird oft auch ein Zusatzfehler von ± 2 oder ± 3 digit angegeben. Dabei handelt es sich um gerätespezifische Zusatzfehler, welche infolge technischer Mängel des verwendeten Zählers entstanden sind.

Zahlenbeispiel: digitaler Restfehler

DMM (Mittelklasse)

Fehler vom Messwert: 0,002 %,
Fehler vom Endwert: 0,003 %,
Endwert: 200,00 mV,
Messwert: 199,98 mV,
Digitaler Restfehler: ± 2 D

Gesucht wird die relative Messunsicherheit (bei 23 °C) ohne Varianz.

$$\begin{aligned}
MU_{rel} &= fmw + f_{EW} \cdot \tfrac{EW \pm 2\,D}{MW} \\
&= 0{,}002\% + 0{,}003\% \cdot \tfrac{0{,}20000 \pm 2\,D}{0{,}19998} \\
&= 0{,}002\% + 0{,}003\% \cdot 1{,}0001 \pm 2\,D \\
&= 0{,}005\% \pm 2\,D
\end{aligned}$$

Die relative Messunsicherheit beträgt: 0,005 % ± 2 D.

4.5.4.2 Gleichtaktunterdrückung

Die Gleichtaktunterdrückung (Common Mode Rejection) CMR beziffert den Einfluss der Gleichtaktspannung auf die Messgenauigkeit. Die Angabe erfolgt prozentual oder in Dezibel, bezogen auf den Messbereich. Der Wert ist frequenzabhängig und beträgt typischerweise 0,01 % (-80 dB) des Bereichs bei 50/60 Hz.

Die Gleichtaktunterdrückung bei höheren Frequenzen wird maßgeblich durch kapazitive Ableitströme beeinflusst. Eine gute Gleichtaktunterdrückung ist dann wichtig, wenn ein Shunt auf Wechselrichterpotenzial liegt und durch alle Schaltflanken beeinflusst wird.

Das maximal zulässige Potenzial an Digitalmultimetern gegenüber Gehäusemasse beträgt sehr oft 1000 V_{eff} bei 50 Hz.

Die entstehenden Unsymmetrien verursachen zusätzliche Messfehler, wie folgendes Beispiel zeigt (Abb. 4.11):

Ein Wechselrichter-Ausgangsstrom soll mit einem Shunt gemessen werden.

Definitionen: CMR (dB) $= 20$ Lg U_1/U_2
$\qquad\qquad$ $U_1 = $ Potenzial des Messeingangs gegen Erde
$\qquad\qquad$ $U_2 = $ Störspannung

Spezifikation des Messgerätes: CMR $= 120$ dB bei 1 kHz
Beispiel: Shunt 1 mΩ auf Umrichterpotenzial 500 V
$\qquad\quad$ Strom 100 A

Messsignal $= 100$ A $\cdot$ 0,001 $\Omega = 100$ mV

Störsignal $U_2 = \frac{U_1}{10^{120\mathrm{dB}/20}} = \frac{500\,\mathrm{V}}{10^6} = 0,5\,\mathrm{mV}$

Messfehler: 0,5 mV bei 100 mV$\,\hat{=}\,$0,5%

Abb. 4.11 Ursache
für nichtideale
Gleichtaktunterdrückung

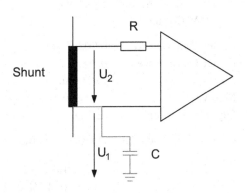

Der Messeingang ist isoliert (erdfrei), die Kapazität C gegen Erde sorgt trotzdem für eine Unsymmetrie. Ein Teil der Gleichtaktspannung U_1 wandelt sich dadurch in eine Störspannung U_2 um.

4.5.4.3 Temperaturkoeffizient (TK-Wert)

Der Faktor $\propto$ ist eine Materialkonstante, welche man den Temperaturkoeffizienten nennt.

Der Temperaturkoeffizient des Widerstands gibt das Verhältnis der Widerstandsänderung eines elektrischen Leiters bei Temperaturänderung von 1 °C zum Widerstand bei 0 °C an.

Bei reinen Metallen ist der Temperaturkoeffizient am größten und er kann nicht verändert werden.

Durch Zulegieren anderer Metalle kann man den Temperaturkoeffizienten etwas verkleinern.

Für die Berechnung des Temperaturkoeffizienten α gilt die relative Widerstandsänderung $\Delta R/R_{20}$, bezogen auf die Temperaturänderung Δt gilt:

$$\boxed{\alpha = \frac{\Delta R}{\Delta t R_{20}}}$$

Für Nickel $\alpha = 0{,}00617/K$

Für Platin $\alpha = 0{,}00385/K$
(mittlere Werte)

R_{20} ist der Widerstand bei der Temperatur $t = 20\ °C$.

Der Widerstand bei einer beliebigen Temperatur t ist wie folgt definiert:

$$R = R_{20}(1 + \alpha\ \Delta t)$$
$$R_{20} = [1 + \alpha\ (t - 20°C)]$$

▶ Wichtig: Bei höheren Temperaturen muss ein zweiter Temperaturkoeffizient verwendet werden.

4.5.4.4 Drift in der Messtechnik

Drift ist eine langsame zeitliche Änderung des Mittelwertes einer Systemgröße oder des Nullpunktes von Messgeräten.

Vor allem bei Systemen mit einer hohen Verstärkung des Messwertes sind die Driftprobleme am größten.

Bei Gleichspannungsverstärkern erzeugt die Drift Schwankungen der Ausgangsspannung auch bei kurzgeschlossenem Eingang des Verstärkers.

Die Driftangaben werden in diesem Fall immer auf den Eingang des Verstärkers bezogen.

Von den Geräteherstellern, vor allem von Präzisionsmessgeräten, werden immer die Langzeit- und die Temperaturdrift angegeben.

Praxisbezug
Drift ist die langzeitliche Änderung in Xa für dasselbe Xe.

Ein Temperaturzusatzfehler von $0{,}01\ K^{-1}$ bedeutet, dass bei einer Messung in einer Umgebungstemperatur, welche 10 K oberhalb der Grenze des Temperaturbezugsbereiches (Normal: 23 °C) liegt, mit einer Fehlergrenze gerechnet werden muss, die 0,1 % über der Grundfehlergrenze liegt.

Es gibt vier Möglichkeiten, den Temperatureinfluss auf die Messgröße richtig zu erfassen:

1. Anwendung einer Differenz- oder Kompensationsmethode.
2. Die Temperaturmessung wird mit einer anschließenden Korrekturmaßnahme durchgeführt.
3. Automatische Temperaturkorrektur durch eingebaute Widerstandsthermometer. In einigen Präzisionsmessgeräten bereits vorhanden.
4. Durch eine Temperaturregelung kann die Temperatur als Störgröße ausgeschaltet werden.

4.5.4.5 Thermospannungen (Thermo-EMK)

Eine Quellenspannung durch den Thermoeffekt entsteht durch Verbindung zweier Leiter verschiedenen Materials, wenn sich die Verbindungsstelle erwärmt.

Die Ursache dafür ist eine Kontaktspannung (Thermospannung) an der Kontaktstelle zwischen diesen unterschiedlichen Metallen.

Verbindet man die Eingangsbuchsen eines Messgerätes mit einfachen Laborkabeln, so kann man an den Berührungsstellen eine Gleich-EMK messen, welche vor allem bei kleinen Messgrößen Zusatzfehler verursacht.

Zur Vermeidung von Zusatzfehlern ist es je nach Messaufgabe wichtig, die Materialkombinationen von Eingangsbuchsen und Steckern zu prüfen.

Folgende Thermospannungen treten bei Messaufgaben häufig auf:

(Seebeck-Effekt)

$$Cu - Cu \leq 0,2 \ \mu V/K$$

$$Cu - Au = 0,3 \ \mu V/K$$

$$Cu - Ag = 0,4 \ \mu V/K$$

$$Au - Au = 0,15 \ \mu V/K$$

$$Cu - CuO = 1000 \ \mu V/K$$

Praxisbezug
Die Verwendung von thermospannungsarmen Messleitungen wird empfohlen. Bei hochwertigen Messgeräten werden oft Au- (Gold-)Eingangsbuchsen verwendet. Um die Thermospannung gering zu halten, sollten in diesem Fall thermospannungsarme Messleitungen mit Au-Steckern verwendet werden.

4.6   Messung von Gleich- und Wechselgrößen

4.6.1   Messtechnische Hinweise zur Messung von Gleichspannung und Gleichstrom

Zur Messung von kleinen Gleichspannungen und Gleichströmen werden Digitalmultimeter mit einer hohen Auflösung empfohlen.

Geräte mit einer Auflösung von 6 ½ bis 8 ½ Stellen garantieren meistens eine hohe Zuverlässigkeit sowie eine extreme Messgenauigkeit.

Bei der Messung von kleinen Gleichspannungen wird das Nutzsignal durch viele Störeffekte, wie beispielsweise

- Offsetspannungen von Spannungsmessgeräten,
- Offsetspannungen von Spannungsquellen,
- Thermospannungen (Seebeck-Effekt)
  überlagert.

Durch die Berührung unterschiedlicher Metalle bei Temperaturschwankungen treten Thermospannungen auf. Ein typischer Wert dieser Spannung beträgt 0,3 µV/K (Stecker Cu; Buchse Au).

Um diese Thermospannungen zu verringern, muss der Temperaturunterschied zwischen allen Kontaktstellen möglichst sehr gering gehalten werden.

Für eine sichere Auswertung von Messergebnissen in sehr kleinen Messbereichen müssen Offsetspannungen und Thermospannungen immer berücksichtigt werden.

Messtechnisch kann man dieses Problem wie folgt lösen:

- Als Erstes ist der Anzeigewert $U_{Anz,0}$ des Messgerätes bei angelegter Spannung 0 V zu bestimmen. In diesem Fall wird nur die Störspannung gemessen.
- Anschließend wird der Anzeigewert U_{Anz} bei der gewählten Spannung U_0 bestimmt.
- Die Differenz $U_{Anz} - U_{Anz,0}$ ist jetzt die gesuchte Anzeige für die Spannung U_0.
- Eine andere und sehr sichere Methode, um Störspannungen zu eliminieren, ist das Umpolen der angelegten Spannung U_0.

$$U_{Anz+} = U_{0+} + U_{Stör}$$
$$U_{Anz-} = U_{0-} + U_{Stör}$$

Durch die Differenzbildung der Anzeigewerte eliminiert sich die Störspannung. Voraussetzung dafür ist, dass während der Messung keine Änderung eintritt.

Für Präzisionsmessungen sollte ein kalibriertes (Normal) in derselben Weise durch Umpolen von U_0 benutzt werden.

Durch den Vergleich der Messergebnisse erhöht sich die Sicherheit für dieses Verfahren.

4.6.2   Kenngrößen sinusförmiger Wechselgrößen

In der Technik kommen verschiedene Zeitverläufe der Wechselgrößen vor. In der Energietechnik werden vor allem zeitlich sinusförmige Wechselgrößen angewendet und messtechnisch bestimmt.

Die Abb. 4.12 zeigt neben einer Wechselspannung u auch einen zeitlich um den Phasenwinkel φ verschobenen Wechselstrom i. Der Wert der Wechselgröße in jedem Augenblick wird als Augenblickswert (u, i), ihr Größtwert als Maximalwert ($\hat{u}$,$\hat{\imath}$) bezeichnet. Die Zeitspanne T, nach der sich der gleiche Verlauf wiederholt, nennt man die Periodendauer und die Anzahl der in einer Sekunde durchlaufenen Perioden oder Schwingungen Frequenz f. Oft wird noch die Kreisfrequenz $\omega = 2\pi f$ angegeben.

Zum Zeitpunkt $t = T$ ist: $\omega T = 2\pi$

Die Wechselspannung ist eine Spannung mit periodisch wechselnder Polarität. Bei einer reinen Wechselspannung ist kein Gleichanteil vorhanden, das heißt, es ist keine Abweichung des zeitlichen linearen Mittelwertes von null vorhanden.

$$\overline{u} = \frac{1}{T} \int_0^T u \, dt$$

u – Spannung

t – Zeit

T – Periodendauer

Ein Wechselstrom ist ein von einer Wechselspannung an einem Widerstand verursachter Strom. Der arithmetische Mittelwert eines Wechselstromes über die Zeit hat den Wert null.

$$\overline{\imath} = \frac{1}{T} \int_0^T \overline{\imath} \, dt = 0$$

i – Strom

Abb. 4.12 Wechselspannung und Wechselstrom

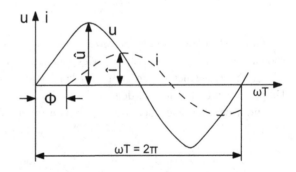

Durch drei Größen wird eine Sinusschwingung beschrieben:

- Amplitude
- Frequenz
- Nullphasenwinkel

Für die Berechnung der Amplituden sinusförmiger Ströme und Spannungen gilt:

$$\hat{\imath} = \sqrt{2} \cdot I$$
$$\hat{u} = \sqrt{2} \cdot U$$

Der Gleichrichtwert $|\bar{x}|$ ist der lineare Mittelwert des Betrages einer periodischen Größe x (t) in einer Periodendauer:

$$|\bar{x}| = \frac{1}{T} \int\limits_{t}^{t+T} |x(t)| dt$$

Für Sinusspannungen und Sinusströme gilt:

$$u = \hat{U} \sin \omega t \rightarrow |\bar{u}| = \frac{2}{\pi}\hat{U} = 0{,}637\ \hat{U}$$
$$i = \hat{\imath} \sin \omega t \rightarrow |\bar{\imath}| = \frac{2}{\pi}\hat{\imath} = 0{,}637\ \hat{\imath}$$

Die Effektivwerte von sinusförmigem Strom bzw. Spannung ergeben sich wie folgt:

$$\tilde{x} = \sqrt{\frac{1}{T} \int\limits_{t}^{t+T} [x(t)]^2\ dt}$$

Strom: $I = \frac{\hat{\imath}}{\sqrt{2}} = 0{,}707\ \hat{\imath}$

Spannung: $U = \frac{\hat{U}}{\sqrt{2}} = 0{,}707\ \hat{U}$

Der Formfaktor ist der Quotient aus Effektivwert und Gleichrichtwert. Er wird wie folgt bestimmt:

Formfaktor bei Einweggleichrichtung mit Sinussignal:

$$F = \frac{U_{eff.}}{|\bar{u}|} = \frac{\pi}{\sqrt{2}} = 2{,}22$$

Formfaktor bei Zweiweggleichrichtung mit Sinussignal:

$$F = \frac{U_{eff.}}{|\bar{u}|} = \frac{\pi}{2\sqrt{2}} = 1{,}11$$

Der Scheitelwert einer Sinusgröße ist um den Faktor $\sqrt{2}$ größer als ihr Effektivwert.
   Beispiel: Der Effektivwert einer Wechselspannung beträgt 235 V.

Die Amplitude sowie der Gleichrichtwert dieser Spannung sind zu berechnen.

Amplitude: $\hat{u} = \sqrt{2} \cdot 235\ V = 332,3\ V$

Gleichrichtwert: $|\bar{u}| = \dfrac{U}{F} = \dfrac{235\ V}{1,11} = 211,7\ V$

4.6.3 Präzise Messung von Wechselspannung und Wechselstrom

Sehr viele Digitalmultimeter messen den echten Effektivwert von Wechselspannung und Wechselstrom, wobei die Eingangsbuchsen gleichspannungsmäßig gekoppelt sind. Die digitale Effektivwertbildung setzt je nach erforderlicher Abtastrate schnelle Umsetzer im Digitalmultimeter voraus.

Eine wirksame Störunterdrückung bei Netzfrequenz erreicht man durch Integration, z. B. 100 ms (5 Perioden bei 50 Hz).

Bei der Messung von Mischspannungen, also bei Spannungen, die einen Gleichanteil U- und einen Wechselanteil u~(t) enthalten, wird der Wechselanteil angezeigt. Bei Effektivwertbildung handelt es sich um den Effektivwert des Wechselanteils U~.

Einige Multimeter messen den Effektivwert der Gesamtspannung, ohne den Gleichanteil abzutrennen.

$$U_{\text{ges eff}} = \sqrt{\bar{U}^2 + \tilde{U}^2}$$

Bei einem Einsatz von Digitalmultimetern der Mittelklasse können sehr oft zwei Möglichkeiten „AC" oder „AC + DC" gewählt werden.

Zur Messung der Stromstärke wird die Spannung über umschaltbare Präzisionswiderstände, welche vom Strom durchflossen werden, gemessen.

Bei der Messung von Stromstärken >10 A werden in der Praxis Strommesszangen mit Messbereichen bis 1000 A eingesetzt.

Der Vorteil dieses Verfahrens besteht darin, dass man den Leiterkreis zur Messung nicht auftrennen muss, sowie in der galvanischen Trennung.

Zur Messung von sehr kleinen Wechselspannungen mit hohen Genauigkeitsanforderungen kommen Thermokonverter zum Einsatz. Bei diesem Verfahren erfolgt der Vergleich einer unbekannten Wechselspannung und einer bekannten Gleichspannung mit einem Thermokonverter.

4.6.4 Messtechnische Hinweise zur Bestimmung von Wechselgrößen

Für eine sichere Wechselspannungsmessung sind Zwei-Leiter-Kabel mit Abschirmung zu empfehlen. Dabei werden die zwei Leiter mit HI und LO verbunden und die Abschirmung sollte auf den GUARD-Eingang gelegt werden.

Für Messungen bei verrauschter Umgebung oder bei sehr kleinen Spannungen sollten der „Guard"- und der „V-LO"-Eingang mit dem Messpunkt verbunden werden, der dem Erdpotenzial am nächsten liegt.

Bei der Messung von höheren Spannungen bei höheren Frequenzen ist zu beachten, dass die Wechselspannung nicht das Effektivwertprodukt übersteigt.

Praxisbezug
Fehlerhafte Messungen werden durch die Verschiebung des Nullpunktes hervorgerufen. Daher ist eine Offsetkorrektur in regelmäßigen Zeitabständen zu empfehlen. Zur Korrektur der Nullpunktabweichung sind die Spannungs- und Widerstandseingänge kurzzuschließen. Bei der Strommessung muss der Nullpunkt mit offenen Eingängen kontrolliert werden.

Bei der Wechselspannungsmessung ist eine Offsetkorrektur im Normalfall nicht möglich, da sich der Messwert als Echt-Effektivwert aus der Wurzel der Summe der Quadrate von Offset- und Signalspannung zusammensetzt.

$$U_{ANZ} = \sqrt{u_{Offs}^2 + u_{Sign}^2}$$

Durch den Einsatz der Thermokonverter können Messunsicherheiten von 20×10^{-6} erreicht werden.

4.6.5   Digitale Widerstandsmessung

Viele Digitalmultimeter bieten für Widerstandsmessungen eine Zweidraht- oder Vierdrahtanordnung an.

Zweidraht-Messmethode
Vor Beginn aller Korrekturarbeiten am Gerät sind die unterschiedlichen Einlaufzeiten der Hersteller zu beachten. Erst nach Ablauf dieser Zeit kann man mit der Kompensation der Messkabelwiderstände sowie der Thermospannungen beginnen.

Die beiden Messkabel werden mit ihren Prüfsteckern auf **einer** Seite des Prüflings angeschlossen und danach wird die automatische Offset-Korrektur ausgelöst. Durch diese Korrektur werden alle Fehlerquellen der Zuleitungs- und Übergangswiderstände sowie der Thermospannungen beseitigt.

Praxisbezug
Bei Widerstandsmessungen größer $100\,k\Omega$ müssen abgeschirmte Messleitungen verwendet werden, um die Einstreuungen von Fremdspannungen zu vermeiden. Dabei muss die Abschirmung der Messleitungen mit Erde verbunden sein!

Störende Einstreuungen werden auch durch Vergrößern der Integrationszeit > 1 s unterdrückt.

Bei kleineren Widerstandswerten von < 1 kΩ ist der Zuleitungswiderstand (vor allem bei einfachen und älteren Geräten) zu beachten.

$$R_{Ges} = R_{Mess} + R_L$$

R_{Mess} $\quad =$ Widerstandsmesswert
R_L $\quad\quad =$ Zuleitungswiderstand

Vierdraht-Messmethode

Durch die Vierdraht-Messmethode wird der Einfluss des Zuleitungswiderstandes beseitigt. Zur Vermeidung von Thermospannungen und Übergangswiderständen ist es zweckmäßig, alle Eingänge direkt kurzzuschließen und, wenn vorhanden, den SOURCE-Eingang damit zu verbinden.

Praxisbezug

Für Zwei- und Vierdraht-Messmethoden

- Die Offsetkorrektur muss für die Zwei- und Vierdraht-Messung immer getrennt durchgeführt werden.
- Bei der Zweidraht-Messung müssen vor der Offsetkorrektur die Ω-Eingänge kurzgeschlossen werden.
- Vierdraht-Messungen sind in vielen Digitalmultimetern nur bis 200 kΩ möglich.
- Für hochohmige Messungen werden für die Vierdraht-Messmethode Messkabel mit Teflonisolierung empfohlen.

Die Widerstandsmessung wird beim Digitalmultimeter auf folgende Weise ausgeführt:

In den zu messenden Widerstand (Rx) wird ein konstanter Strom (I) eingespeist, welcher gleichzeitig auch über einen bekannten internen Präzisionswiderstand fließt. Dabei wird der Spannungsabfall über Rx an den Eingangsbuchsen gemessen.

Anschließend wird das Verhältnis zum Spannungsabfall am internen Präzisionswiderstand gebildet. Dieses Verfahren ist sehr genau, da kein Driften oder Altern einer Referenzspannungsquelle betrachtet werden muss.

Sensoren zur Sicherstellung geeigneter Umgebungsbedingungen für Messprozesse

5

Zusammenfassung

Sensoren sind Messfühler, welche zur elektrischen Erfassung nichtelektrischer Messgrößen eingesetzt werden. Die Messgrößenerfassung aller Einflussgrößen auf den Messprozess bildet die Voraussetzung für genaues Messen. Alle Rahmenbedingungen zum Messen, wie z. B. Temperatur, Luftfeuchte und Strömungsgeschwindigkeit, sind in Normen oder Herstellerangaben festgelegt und müssen eingehalten werden. Durch unterschiedliche Einflüsse (Umwelt) tritt zwischen Messobjekt und Messgerät immer eine Wechselwirkung ein. Die Genauigkeitsanforderung der Messaufgabe legt fest, ob Wechselwirkungen oder Rückwirkungen bei der Fehlerbetrachtung berücksichtigt werden müssen. Bei der Wandlung nichtelektrischer in elektrische Größen wird der Wert einer Messgröße erfasst und durch einen Sensor in ein primäres Abbildungssignal umgewandelt. Durch Hinzufügen eines Messwandlers und der Messwertausgabe wird der Sensor zu einem Messgerät. Das vom Sensor ausgehende sekundäre Messsignal wird zur Signalverarbeitung, Signalanalyse, Informationsspeicherung und zur Messwertausgabe genutzt. Um Querempfindlichkeiten so gering wie möglich zu halten, müssen Störgrößen vermieden werden und der Sensor darf möglichst nur auf eine Größe ansprechen. Zur Messung der Temperatur werden Widerstandsthermometer, Thermoelemente und NTC-Widerstände verwendet. NTC-Widerstände dienen auch zur Kompensierung von positiven Temperaturkoeffizienten und zur Stabilisierung des Arbeitspunktes von Transistoren. Je nach Einsatzgebiet werden Widerstandsthermometer und Thermoelemente in verschiedene Klassen und Bauformen eingeteilt. Für die Messung der Feuchte kommen unterschiedliche Feuchtesensoren zum Einsatz. Je nach Anwendungsgebiet werden

© Springer Fachmedien Wiesbaden GmbH, ein Teil von Springer Nature 2021
W. Helbig, *Praxiswissen in der Messtechnik,*
https://doi.org/10.1007/978-3-658-27802-1_5

Feuchtesensoren auf der Basis von Leitfähigkeitsänderungen oder Kapazitätsänderungen eingesetzt. Zur Bestimmung der Luftgeschwindigkeit werden Strömungs-
sensoren verwendet. Für die richtige Auswahl muss zwischen turbulenter und
laminarer Strömung unterschieden werden. Die Messung der Strömungsgeschwindigkeit erfolgt mit dem Heißfilm- oder dem Konstant-Temperatur-Anemometer.

5.1   Einflussfaktoren auf den Messprozess

- Eine Messung ist stets verbunden mit einem Energie- oder Informationsfluss vom
  Messobjekt zum Messgerät.
- Durch den Anschluss des Messgerätes an das Messobjekt darf die zu messende Größe
  nicht verändert oder gestört werden.
- Das Messergebnis darf nicht durch die Umgebungsbedingungen, die Spannungsver-
  sorgung oder den Anschluss weiterer Messgeräte verfälscht werden.
- Wichtige Umweltfaktoren sind die Temperatur, die Luftfeuchte, die Strömung und der
  Druck.
- Die Messgeräte müssen bestimmungsgemäß eingesetzt werden.
- Durch zusätzliche Messeinrichtungen erfasste Ergebnisse, z. B. für Temperatur,
  Feuchte und Strömung in Höhe und Vorzeichen, können zur Korrektur systematischer
  Messfehler verwendet werden.

5.2   Wechselwirkung zwischen Messobjekt und Messgerät

Die Messwertbildung ist kein Vorgang, der nur in einer Richtung verläuft, sondern das
Messgerät tritt bei der Messung mit dem Messobjekt in Wechselwirkung (Abb. 5.1). Oft
entzieht es dem Messobjekt dabei Energie. Dadurch kann der Wert der Messgröße verändert werden. Diese Beeinflussung der Messgröße durch die Messung nennt man Rückwirkung.

Von wenigen Ausnahmefällen abgesehen, tritt bei jedem Messvorgang eine Rückwirkung auf. Die Frage ist nur, ob sie sich im Resultat der Messung auswirkt oder nicht.
In den meisten Fällen kann man sie ohne Weiteres unberücksichtigt lassen.

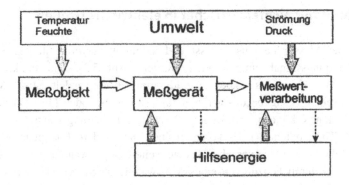

Abb. 5.1   Wechselwirkung zwischen Messobjekt und Messgerät

5.3   Einfluss von Temperatur, Strömung und Feuchte auf den Messprozess

Elektrische und elektronische Bauelemente (R, C, L und Halbleiter) sind temperatur-empfindlich, feuchteempfindlich und beeinflussbar durch Strömung (Abb. 5.2). Auf-grund des allgemeinen Zusammenhanges vieler physikalischer Erscheinungen hat die Änderung einer Größe (Ursache) meist verschiedene Wirkungen. Für die Messung einer Größe lassen sich deshalb verschiedene Prinzipien ausnutzen.

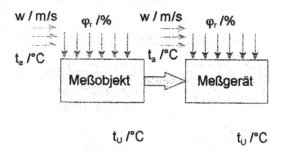

w m/s   Strömungsgeschwindigkeit
t_a °C   Temperatur der strömenden Luft
t_U °C   Umgebungstemperatur
φ_r %   Feuchte

Abb. 5.2   Einflussfaktoren auf den Messprozess

5.4   Wandlung nichtelektrischer in elektrische Größen

Der Wert einer Messgröße muss erfasst und in ein weiterverarbeitbares Signal, das primäre Abbildungssignal, umgewandelt werden (Abb. 5.3). Die Funktionsgruppe, welche die Messgröße in das primäre Abbildungssignal umwandelt, ist der Messfühler (Sensor). Diesen Vorgang bezeichnet man als Aufnahme oder Messwertgewinnung. Primäre Messsignale können auch direkt zur Weiterverarbeitung genutzt werden (z. B. Fotoelement, Thermoelement). Es kommen aber auch andere Energiearten unter den primären Abbildungssignalen vor. Hier ist eine weitere Signalwandlung erforderlich. Der Messfühler wird durch Hinzufügen eines Messwandlers und der Messwertausgabe zu einem Messgerät.

Die Eigenschaft eines Messgerätes nach unspezifischem Verfahren, auch auf die Begleitkomponenten mit einem Messeffekt zu reagieren, heißt Querempfindlichkeit. Bei möglicherweise auftretenden Verunreinigungen bleiben die durch Querempfindlichkeit verursachten Fehler um so kleiner, je kleiner der ausgenutzte Effekt bei diesen Verunreinigungen ist.

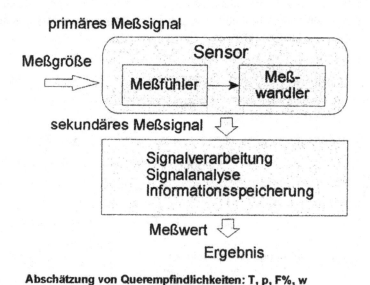

Abb. 5.3 Messeffekte zur Wandlung nichtelektrischer in elektrische Größen

5.5   Sensorelemente für die Temperaturmessung

5.5.1   Konventionelle Ausführungsformen der Widerstandsthermometer

Ein bifilar gewickelter Pt- oder Ni-Draht befindet sich auf einem Grundkörper aus Glas (Abb. 5.4 und 5.5). Die Wicklung wird mit einem Glasüberzug befestigt. Zur gerätetechnischen Anwendung kann der Temperaturfühler noch von einem metallischen Schutzrohr umgeben werden. ($t_{max} = 500$ °C).

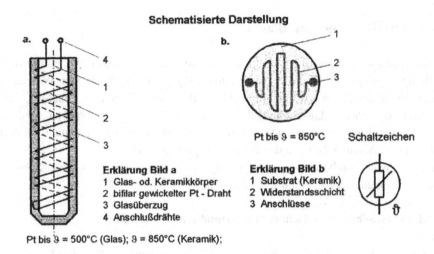

Schematisierte Darstellung

a.   b.

Pt bis ϑ = 850°C   Schaltzeichen

Erklärung Bild a
1 Glas- od. Keramikkörper
2 bifilar gewickelter Pt - Draht
3 Glasüberzug
4 Anschlußdrähte

Erklärung Bild b
1 Substrat (Keramik)
2 Widerstandsschicht
3 Anschlüsse

Pt bis ϑ = 500°C (Glas); ϑ = 850°C (Keramik);

Abb. 5.4 Aufbau der Widerstandsthermometer

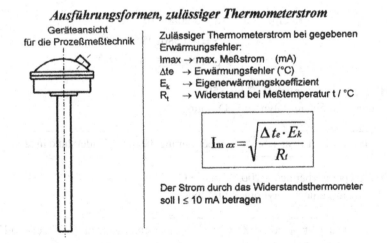

Ausführungsformen, zulässiger Thermometerstrom

Geräteansicht
für die Prozeßmeßtechnik

Zulässiger Thermometerstrom bei gegebenen Erwärmungsfehler:
Imax → max. Meßstrom   (mA)
Δte → Erwärmungsfehler (°C)
E_k → Eigenerwärmungskoeffizient
R_t → Widerstand bei Meßtemperatur t / °C

$$I_{max} = \sqrt{\frac{\Delta t_e \cdot E_k}{R_t}}$$

Der Strom durch das Widerstandsthermometer soll I ≤ 10 mA betragen

Abb. 5.5 Ausführungsform für einen Pt-100-Fühler

Bei Messeinsätzen mit einem Grundkörper aus Keramik sind die Pt-Drähte in Kapillaren aus hochreinem Aluminiumoxid spannungsfrei eingebettet. Al-Oxid ist hochisolierend. ($t_{max} = 850\ °C$).

Dünnschichttechnologie:

Die Widerstandsschicht wird auf einen Keramikträger aufgestäubt oder aufgedampft. Die Widerstandsstrukturen (mäanderförmige Strukturen) werden mit einem Laser ausgeschnitten. Der Widerstandsabgleich (Trimmen) geschieht ebenfalls mit einem Laser.

Vorteile:

Reproduzierbare automatische Fertigung, große Stückzahlen, niedrige Kosten.

5.5.2 Physikalische Grundlagen

Durch die Messaufgabe wird festgelegt, welche Art Temperaturfühler Sie benötigen. Bei der Temperaturmessung wird die Temperaturabhängigkeit des elektrischen Widerstands ausgenutzt. In der Praxis wird die Temperatur oft mit Pt-100-Fühlern gemessen, wobei der Effekt der Widerstandserhöhung bei steigender Temperatur ausgenutzt wird. Am Messwiderstand wird ein konstanter Strom eingespeist, wobei der Spannungsabfall am Widerstand in Abhängigkeit von der Temperatur gemessen wird.

Da die Widerstandsänderung sehr gering ist, muss immer in 4-Leiter-Schaltung gemessen werden, um den Einfluss der Zuleitungen zu eliminieren.

Beziehung zwischen elektrischem Widerstand und Temperatur

Pt-100

Temperatur in °C, Bezugstemperatur $t_o = 0\ °C$, Basiswiderstand $R_o = 100\ \Omega$

Durch die Zunahme der ungeordneten Gitterschwingungen bei Temperaturerhöhung ergeben sich folgende Temperaturkoeffizienten (TK) $a/°C^{-1}$; $b/°C^{-2}$; $c/°C^{-3}$

$$\text{Koeffizienten}\quad a = 3{,}90802\ 10^{-3}°C^{-1}$$
$$b = -0{,}580195\ 10^{-6}°C^{-2}$$
$$c = -4{,}2735\ 10^{-12}°C^{-3}$$

Pt-100, Temperaturbereich 0 °C bis 850 °C
Berechnung mit einem Polynom 2. Ordnung

$$\boxed{R_{(t)} = R_o\left(1 + at + bt^2\right);\ \text{Temperaturangabe in}\ °C,\ \text{Widerstand in}\ \Omega}$$

Pt-100, Temperaturbereich – 200 °C bis 0 °C
Berechnung mit einem Polynom 3. Ordnung

$$\boxed{R_{(t)} = R_o\left[1 + at + bt^2 + c(t - 100\,°C)\,t^3\right];\ \text{Temperaturangabe in}\ °C,\ \text{Widerstand in}\ \Omega}$$

5.5.3 Genauigkeitsklassen für Widerstandsthermometer

Serienmäßig werden Pt-100-Fühler mit Messwiderständen der Klasse B eingesetzt. Für sehr viele Anwendungen wird eine Auflösung von 0,1 K benötigt.

Lieferantenangaben zu maximal zulässigen Abweichungen (Tab. 5.1).

Tab. 5.1 Genauigkeitsklassen verschiedener Widerstandsthermometer

Bezeichnung	Bereich	Max. Abweichung	
		Klasse B	Klasse A
Messwiderstände	bei – 200 °C und + 200 °C	± 1,3 °C	± 0,55 °C
Pt 100	bei – 100 °C und + 100 °C	± 0,8 °C	± 0,35 °C
(100 Ω bei 0 °C)	bei 0 °C	± 0,3 °C	± 0,15 °C
NTC-Element	bei + 300 °C	± 1,8 °C	± 0,75 °C
(10 KΩ bei 25 °C)	bei + 400 °C	± 2,3 °C	± 0,95 °C
	– 20 °C bis 0 °C		± 0,4 °C
	0 °C bis 70 °C		± 0,1 °C
	70 °C bis 125 °C		± 0,6 °C

5.5.4 Thermoelemente

5.5.4.1 Prinzip und Ausführungsformen

Durch ihre Bauformen und die sehr geringe Masse haben Thermoelementfühler eine hohe Anzeigegeschwindigkeit (Abb. 5.6). Da sie einen großen Messbereich haben, bieten sich universelle Einsatzmöglichkeiten an. Gegen Umwelteinflüsse sind sie weitgehend unempfindlich.

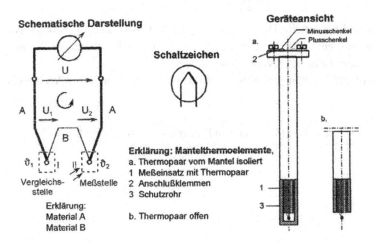

Abb. 5.6 Aufbau der Thermoelemente

5.5.4.2 Physikalische Grundlagen

Thermoelemente sind Gleichspannungsquellen, deren Potenzialdifferenz als Kontakt- oder Berührungsspannung dadurch zustande kommt, dass bei den zwei verschiedenen in Kontakt befindlichen Metallen die Leitungselektronen zu dem Metall übertreten, dessen Fermi-Energie niedriger bzw. dessen Austrittsarbeit für Elektronen größer als die des anderen ist.

Ein zu einem Stromkreis (Leiterkreis) geschlossenes Thermoelement ist stromlos, wenn sich beide Kontaktstellen auf der gleichen Temperatur befinden.

Aus Kontaktstellen, die auf verschiedener Temperatur liegen, resultiert wegen der Temperaturabhängigkeit der Kontaktspannung eine sogenannte Thermospannung. Es fließt ein Strom.

Die Norm beinhaltet acht Thermopaare, die durch international anerkannte Kennbuchstaben unterschieden werden (K, T, I, N, E, R, S, B).

Die Kennbuchstaben stehen für Materialkombinationen und Temperaturbereiche.

In der Praxis wird der Typ K (NiCr –Ni) am häufigsten eingesetzt, da der Anwendungsbereich von – 200 °C bis 1300 °C ausgelegt ist.

Physikalischer Effekt

Das Thermoelement ist ein aktiver Temperatur-Spannungswandler, dessen Funktionsprinzip auf einem thermoelektrischen Effekt, dem Seebeck-Effekt, beruht.

Besteht in einem Teilstück eines elektrischen Leiters ein Temperaturgefälle Δt, dann baut sich in ihm ein elektrisches Feld auf.

Zwischen den beiden Enden besteht eine Spannungsdifferenz ΔU_{th} (Seebeck-Effekt).

Die Spannungsdifferenz ΔU_{th} ist zur Temperaturdifferenz $\Delta t = t_2 - t_1$ proportional.

$$\Delta U_{th} = (\Sigma_A - \Sigma_B)(t_2 - t_1); \; (\Sigma_A - \Sigma_B) = K$$
$$\Delta U_{th} = K\Delta t$$

$\Sigma \rightarrow$ absolute differentielle Thermospannung bei 0 °C bzw. 273,15 °K in µV/K.

Die Thermospannung hängt von den Werkstoffen A und B ab und wächst mit $\Delta t = t_1 - t_2$ zwischen den Verbindungsstellen.

Die Empfindlichkeiten gegenüber Platin (Pt) sind aus der folgenden Tabelle ersichtlich (Tab. 5.2).

$$U_{(th)} = K_{AB}(T_1 - T_2); \; \text{in K oder} \; U_{(th)} = K_{AB}(t_1 - t_2); \; \text{in °C}$$

Tab. 5.2 Empfindlichkeiten verschiedener Metalle gegenüber Platin

Material	K_{XPt}/mV
Konstanten	− 3,47 …. − 3,04
Nickel	− 1,94 …. − 1,20
Platin	0
Kupfer	+0,72 …. +0,77
Eisen	+1,87 …. +1,89
Nickel/Chrom	+2,20
Silizium	+44,8

5.5.4.3 Fehlerbetrachtung für Thermoelemente

Einteilung der Klassen für Thermoelemente

Abweichungen Klasse	Grenzabweichung	Verwendungsbereich
1	± 1,5 °C	− 40 °C bis 1000 °C
2	± 2,5 °C	− 40 °C bis 1200 °C
3	± 2,5 °C	− 200 °C bis 40 °C

Thermopaare: Grenzabweichungen der Thermospannungen (Tab. 5.3).

Betrachtet wird die Änderung der Thermospannung

bei: 100 °C · 500 °C; 1000 °C

(Max. können Temperaturen bis 2000 °C gemessen werden.)

Tab. 5.3 Änderung der Thermospannung bei unterschiedlichen Thermokombinationen

Thermopaar	Thermokombination		100 °C	500 °C	1000 °C	Anwendungs-
	(+)	(−)	Änderung der Thermospannung µV/°C			temperaturen (Dauerbetrieb)
K	NiCr	NiAl	42	43	39	0 – 1100 °C
T	Cu	CuNi	46	–	–	−185 – +300 °C
I	Fe	CuNi	54	56	59	+20 – +700 °C
N	NiCrSi	NiSi	30	38	39	0 – 1100 °C

5.5.4.4 Messanordnungen für Thermoelemente

Jede Temperaturdifferenz zwischen Übergangsstelle und Temperaturfühler macht sich als Messfehler bemerkbar. Bei der Berechnung der absoluten Temperatur darf die Temperatur der Vergleichsstelle nicht zur Messtemperatur addiert werden. Zur Messspannung muss die Spannung addiert werden, welche der Vergleichsstellentemperatur des verwendeten Thermoelements entspricht (Abb. 5.7).

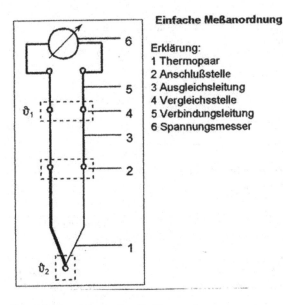
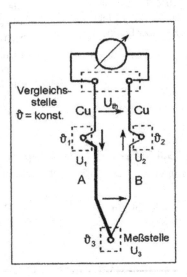

Abb. 5.7 Anschlussstellen für Thermoelemente

Praxisbezug

Zur Verlängerung von Thermoelementen müssen Ausgleichsleitungen verwendet werden, welche in ihrer Thermospannung zum Thermoelement passen. Die Kontaktstellen zum Thermoelement und zum Messgerät sollen annähernd die gleiche Temperatur aufweisen. Dadurch kann man den Messfehler in engen Grenzen halten.

Von vielen Herstellern werden Stecker mit eingebautem Ntc-Temperaturfühler zur Vergleichsstellenkompensation angeboten.

5.5.5 NTC-Widerstände (Heißleiter)

5.5.5.1 Wirkungsweise

Bei Halbleitern sind die Valenzelektronen fester an die Atomkerne gebunden als bei den Metallen.

Die Zahl der freien Ladungsträger ist zunächst gering.

- Zahl der freien Ladungsträger nimmt mit steigender Temperatur zu, wodurch die Eigenleitfähigkeit vergrößert wird. Daraus leitet sich die Erniedrigung des elektrischen Widerstandes bei Halbleitern ab.

- Spezielle, aus Oxiden von Schwermetallen oder seltenen Erden mit Bindemitteln gemischte und bei hohen Temperaturen gesinterte Bauelemente zeigen diesen Effekt. Metalloxide als Pulver (Fe_2O_3, Zn_2TiO_4, $MgCr_2O_4$).
- Lieferung der Sensoren als kugel-, scheiben- oder zylinderförmige Bauelemente.

5.5.5.2 Physikalische Grundlagen

Es entsteht eine Änderung des elektrischen Widerstandes von keramischen Halbleitern mit einem negativen Temperaturkoeffizienten bei Temperaturänderung.

$$\Delta R = f(t\Delta)/°C \text{ oder } R = F(T)/K$$

Der negative Temperaturkoeffizient beträgt je nach Widerstandstyp – 3 %/K bis – 6 %/K.

Der Mechanismus der Widerstandsänderung besteht darin, dass sich bei Erwärmung infolge von thermischer Generation Ladungsträger und Ladungsträgerbeweglichkeit verändern, sodass die Leitfähigkeit steigt.

Die Kennlinie verläuft im Anfangsteil linear, da hier noch das Ohm'sche Gesetz gilt.

Beziehungen zwischen elektrischem Widerstand und Temperatur.

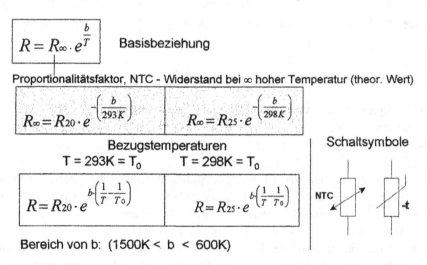

$$R = R_\infty \cdot e^{\frac{b}{T}} \quad \text{Basisbeziehung}$$

Proportionalitätsfaktor, NTC - Widerstand bei ∞ hoher Temperatur (theor. Wert)

$$R_\infty = R_{20} \cdot e^{-\left(\frac{b}{293K}\right)} \qquad R_\infty = R_{25} \cdot e^{-\left(\frac{b}{298K}\right)}$$

Bezugstemperaturen
T = 293K = T_0 T = 298K = T_0

Schaltsymbole

$$R = R_{20} \cdot e^{b \cdot \left(\frac{1}{T} - \frac{1}{T_0}\right)} \qquad R = R_{25} \cdot e^{b \cdot \left(\frac{1}{T} - \frac{1}{T_0}\right)}$$

NTC

Bereich von b: (1500K < b < 600K)

Strom-Spannungskennlinie eines NTC-Widerstandes (Abb. 5.8).

NTC-Widerstände haben ein großes Einsatzgebiet. Sie dienen zur Kompensierung von positiven Temperaturkoeffizienten, zur Stabilisierung des Arbeitspunktes von Transistoren bei Temperaturschwankungen und als Widerstandsthermometer zur Temperaturmessung.

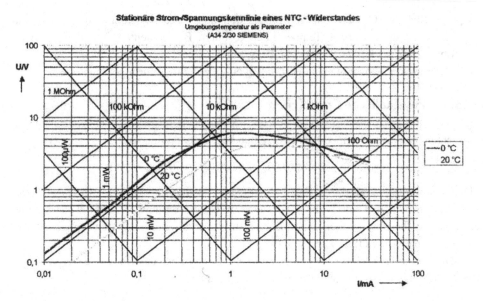

Abb. 5.8 Widerstandsänderung eines NTC-Widerstandes

5.5.6 Feuchtesensoren

5.5.6.1 Eigenschaften von Materialien zur Feuchtemessung

Zur Bestimmung der Feuchte von Gasen werden die folgenden Eigenschaften von festen Stoffen genutzt:

- In den Poren eines elektrisch leitfähigen Stoffes Wassermoleküle zu speichern und damit den elektrischen Widerstand bzw. die elektrische Leitfähigkeit in Abhängigkeit von der aufgenommenen Wasserdampfmenge zu verändern
  Als Werkstoffe werden u. a. auch poröse Keramiken eingesetzt.
- In den Poren eines elektrischen Isolierstoffes Wassermoleküle zu speichern und damit die dielektrischen Eigenschaften, d. h. die relative Dielektrizitätskonstante ε_r, in Abhängigkeit von der aufgenommenen Wasserdampfmenge zu verändern
- Dass extrem dünne Schichten einiger Metalle, wie z. B. Gold, die Eigenschaft besitzen, dass Wassermoleküle diese Schicht praktisch ungehindert durchdringen können

▶   Wichtig: Die genannten drei Eigenschaften werden einzeln oder in Kombination zur Realisierung von Feuchtesensoren eingesetzt.

5.5.6.2 Physikalische Grundlagen

Feuchtesensoren auf der Basis von Leitfähigkeitsänderungen
Die Al_2O_3-Schicht weist Poren auf, die ungefähr dem Durchmesser der Wassermoleküle entsprechen. Größere Moleküle, z. B. von Dämpfen organischer Flüssigkeiten, können in die Poren der Al_2O_3-Schicht nicht eindringen.

Die extrem dünne Goldschicht ist für die Wassermoleküle kein Hindernis. Sie durchdringen die Goldschicht ungehindert.

Gemessen wird die Änderung der Impedanz zwischen Basismaterial und Gegenelektrode (Abb. 5.9).

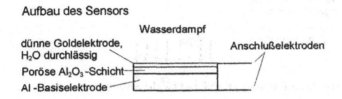

Aufbau des Sensors

Wasserdampf

dünne Goldelektrode,
H_2O durchlässig

Anschlußelektroden

Poröse Al_2O_3-Schicht

Al-Basiselektrode

❏ Auf einem Grundkörper aus Aluminium wird elektrolytisch eine Aluminiumoxidschicht ($Al_2 O_3$) durch elektrolytisches Oxidieren (Eloxieren) aufgebracht. Auf diese Schicht wird eine extrem dünne Goldschicht aufgedampft, die als Gegenelektrode dient.

Abb. 5.9 Aufbau eines Feuchtesensors

Feuchtesensoren auf der Basis von Kapazitätsänderungen (Variante 1)
Beim Aufbau von kapazitiven Feuchtesensoren wird die große Differenz zwischen den relativen Dielektrizitätskonstanten ε_r von Luft und Wasser ausgewertet.

Für Luft beträgt $\varepsilon_r \approx 80$, für Wasser $\varepsilon_r \approx 2 \dots 5$.

Beim Eindringen von Wasserdampf in das Dielektrikum wird die relative Dielektrizitätskonstante erheblich verändert. Je nach Feuchtegehalt des Dielektrikums wird damit die aufgebaute Kapazität eines Kondensators erhöht.

Wird wie im gezeigten Beispiel des kapazitiven Feuchtesensors Polyamid, ein organisches Dielektrikum, verwendet, so ist die Wasserkonzentration im Dielektrikum proportional der relativen Feuchte Φr, proportional dem Dampfdruck des Wassers p und abhängig von der Differenz zwischen der mittleren Bindungsenergie q des Wassers in Polyamid. Eine weitere Abhängigkeit besteht von der Verdampfungsenergie q_0 der Wassermoleküle sowie der Temperatur T.

Der nichtlineare Verlauf der Kennlinie lässt sich in einem beschränkten Bereich durch Reihenschaltung einer zusätzlichen Kapazität linearisieren.

Aufbau des Sensors (Variante 1, Abb. 5.10).

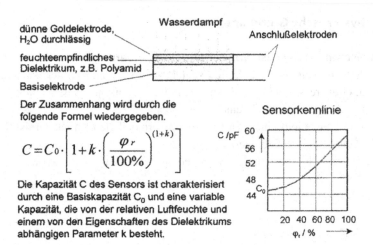

Abb. 5.10   Einflussfaktoren auf die Sensorkennlinie

Feuchtesensoren auf der Basis von Kapazitätsänderungen (Variante 2)

Als Dielektrikum zwischen den beiden Elektroden des Kondensators wird Aluminium-oxid (Al_2O_3) verwendet. Die Al_2O_3-Schicht ist gleichzeitig die Eintrittsfläche für die Feuchtigkeit.

Durch diesen Sensor wird ebenfalls die große Differenz zwischen den relativen Dielektrizitätskonstanten ε_r von Luft und Wasser ausgewertet.

Beim Eindringen von Wasserdampf in das Dielektrikum wird die Kapazität des Sensors fast über den gesamten Bereich der relativen Luftfeuchte Φr linear geändert.

Wie aus dem Kennlinienbild zu ersehen ist, besteht eine Querempfindlichkeit zur Temperatur.

Zur Realisierung eines Taupunktsensors wurde die gezeigte Sensoranordnung noch mit einem Temperatursensor bestückt.

Aufbau des Sensors (Variante 2, Abb. 5.11).

Praxisbezug

Die relative Feuchte hängt stark von der Temperatur ab. Sie steigt bei fallender Temperatur und fällt bei steigender Temperatur. Bei der Messung der relativen Feuchte sollten Sie warten, bis der Feuchtefühler und das Messmedium die gleiche Temperatur haben. Temperaturschwankungen von 1 °C können das Messergebnis um 5 % verfälschen.

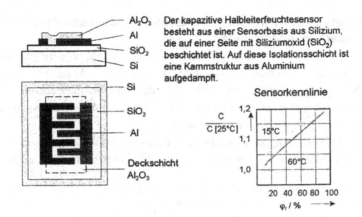

Abb. 5.11 Aufbau des Sensors und Auswertung der Querempfindlichkeit im Kennlinienfeld

5.5.7 Strömungssensoren

5.5.7.1 Physikalische und technische Grundlagen

In der Strömungslehre unterscheidet man eine laminare (glatt abfließende) und eine turbulente (wirbelbildende) Strömung. Im ersten Fall verlaufen die Stromlinien parallel zu den Wänden, während im zweiten Fall heftige Quer- und Drehbewegungen (Wirbel) auftreten.

Um die Luftgeschwindigkeit sehr genau zu bestimmen, muss sich der Fühler in der richtigen Positionierung befinden. Vor allem bei turbulenten Strömungen muss der Fühler in einem größeren Abstand zur Wirbelbildung angebracht werden. Ein genaues Messergebnis erhält man nur durch die richtige Positionierung des Fühlers.

5.5.7.2 Strömungsgeschwindigkeitsmessung mit dem Heißfilm-Anemometer

Ein elektrischer Widerstand wird als Dünnfilmwiderstand (Pt-100-Struktur) auf einem Keramiksubstrat aufgebracht.

Durch den Dünnfilmwiderstand wird ein Strom geschickt, sodass dieser Widerstand als Heizelement arbeitet und mit der Leistung $P = I^2R$ (Δt) auf die Heiztemperatur t_h gebracht wird.

Die Luftströmung mit der Geschwindigkeit w und die Umgebungstemperatur t_a kühlen das Heizelement ab, bis Gleichgewicht zwischen elektrischer Leistung P und dem abgeführten Wärmestrom Φ erreicht ist. Die Gleichgewichtstemperatur ist ein Maß für den Massenstrom.

Berechnung der Strömungsgeschwindigkeit: $W = \dfrac{K \cdot \varphi}{Cp \cdot p \cdot A \cdot \Delta t}$.

5.5.7.3 Strömungsgeschwindigkeitsmessung mit dem Konstant-Temperatur-Anemometer

Messgröße ist die elektrische Leistung P, die bei einer Strömungsgeschwindigkeit w aufgebracht werden muss, um eine fest gewählte Übertemperatur Δt des Heizelementes zu halten. Im Messfühler befindet sich ein NTC-Widerstand, welcher auf eine konstante Übertemperatur zur Umgebung aufgeheizt wird. Die Strömungsgeschwindigkeit wird aufgrund der benötigten Heizleistung gemessen.

Da diese Messung von der Umgebungstemperatur abhängig ist, wird mit einem zweiten NTC-Widerstand der Eigenerwärmungskoeffizient gemessen und kompensiert.

$$K_{eig}(W) = \frac{\Delta t}{p(w)}$$

Messung der Strömungsgeschwindigkeit nach der Konstantstrom- oder Konstantwiderstandsmethode (Abb. 5.12).

Praxisbezug

Thermoanemometer eignen sich sehr gut zur Messung von niedrigen Windgeschwindigkeiten (Zugluftmessungen). Beim Abgleich des Gerätes muss die Umgebungstemperatur stabil sein. Die Fühlerspitze darf nicht berührt werden. Die Sensoren sind weitgehend unempfindlich gegen Schmutz, sodass keine Wartung erforderlich ist.

Thermoanemometer eignen sich gut zur Kontrolle der Rahmenbedingungen in Prüffeldern sowie Laborräumen.

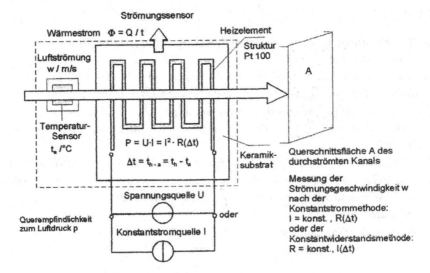

Abb. 5.12 Messung der Strömungsgeschwindigkeit mit einem Konstant-Temperatur-Anemometer

Störeinflüsse auf Messstromkreise und in der Datenübertragung

6

Zusammenfassung

Störeinflüsse auf Messstromkreise und Geräte erzeugen zusätzliche Fehlerquellen. Bei Störsignalen unterscheidet man zwischen internen und externen Störsignalen. Messstromkreise werden auch durch elektrische und magnetische Fremdfelder sowie Erdschleifenspannungen beeinflusst. Auf leitungsgebundene Signale erfolgt oft die Einkopplung von galvanischen, induktiven und kapazitiven Störungen. Für eine optimale Störspannungsunterdrückung muss zwischen Gleichtakt- und Gegentaktstörungen unterschieden werden. Gleichtaktstörspannungen treten zwischen Signaladern und Bezugsmasse auf. Gegentaktstörspannungen werden galvanisch oder induktiv eingekoppelt. Durch Unsymmetrien im Messstromkreis kommt es zu einer Gleichtakt-Gegentakt-Umwandlung. Durch viele aufgeführte Maßnahmen aus der Praxis können diese Störeinflüsse stark verringert werden.

6.1 Allgemeines

Störeinflüsse sind nicht beabsichtigte Wirkungen einzelner Systemelemente aufeinander oder fremder Systeme auf ein betrachtetes System über funktionsbedingte erforderliche oder parasitäre Kopplungen. Störenergien können an die Umgebung emittiert oder aus der Umgebung empfangen werden.

Dabei treten **Wechselwirkungen** des Messsystems auf, was zu Störeinflüssen und damit zu Fehlerquellen führt.

In der Messtechnik besteht das Nutzsignal aus

Messsignal → Abbildungssignal → Ausgangssignal → sowie allen Störsignalen.

Bei den Störsignalen wird zwischen internen, d. h. innerhalb des Messgerätes erzeugten, und externen, d. h. von außen in das Gerät eindringenden Störsignalen, unterschieden.

Messstromkreise werden in der Praxis durch elektrische und magnetische Fremdfelder sowie durch Erdschleifenspannungen beeinflusst. Durch unterschiedliche Erdpotenziale auf der Mess- bzw. Masseleitung entstehen Erdschleifenspannungen. Diese Störspannungen gelangen meist leitungsgebunden über Netzsignal oder Erdleitungen in das Messsystem.

6.2 Einkopplungsarten auf elektrische und elektronische Stromkreise

Vor jeder Geräte- und Systemkonzipierung sind die wichtigsten Störfaktoren zu analysieren und bei der Auswahl der Prüf- und Hilfsmittel zu berücksichtigen. In der elektrischen Messtechnik ist die Betrachtung leitungsgebundener Signale sehr wichtig, da sie in der Praxis überwiegen. Die Störungen entstehen dabei durch galvanische, induktive und kapazitive Beeinflussung der Leitungen (Abb. 6.1).

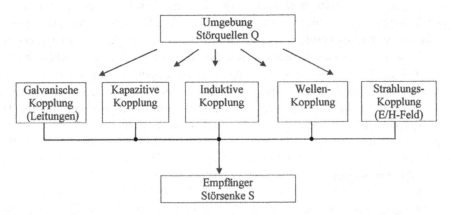

Abb. 6.1 Darstellung der wichtigsten Koppelmechanismen von elektrischen und elektronischen Stromkreisen

6.2.1 Galvanische Kopplung

Stromkreise sind z. B. über den Innenwiderstand von Netzteilen oder über den gemeinsamen Bezugsleiter verbunden.

Die Impedanz Z_K des gemeinsamen Leitungsabschnittes besteht aus einem Wirkwiderstand R und einer Induktivität L (Abb. 6.2).

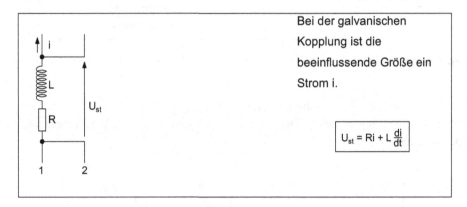

Bei der galvanischen Kopplung ist die beeinflussende Größe ein Strom i.

$$U_{st} = Ri + L\frac{di}{dt}$$

Abb. 6.2 Galvanische Kopplung

6.2.2 Kapazitive Kopplung

Kapazitive Beeinflussungen (Abb. 6.3) ergeben sich durch parasitäre, schaltungstechnisch nicht beabsichtigte Kapazitäten zwischen Leitern, die verschiedenen Stromkreisen angehören (Abb. 6.4). Durch ein elektrisches Wechselfeld bauen sich kapazitive Kopplungen auf.

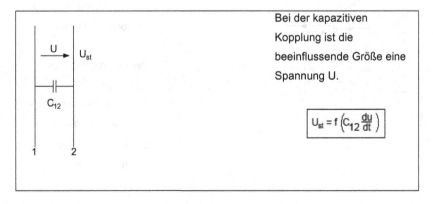

Bei der kapazitiven Kopplung ist die beeinflussende Größe eine Spannung U.

$$U_{st} = f\left(C_{12}\frac{du}{dt}\right)$$

Abb. 6.3 Kapazitive Kopplung

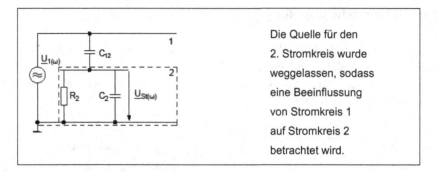

Die Quelle für den 2. Stromkreis wurde weggelassen, sodass eine Beeinflussung von Stromkreis 1 auf Stromkreis 2 betrachtet wird.

Abb. 6.4   Beeinflussung zweier Stromkreise. 1 = störendes System, 2 = gestörtes System

Ist der Stromkreis 2 niederohmig aufgebaut, gilt: $j\omega R_2 (C_{12} + C_2) \ll 1$.

Für die Schaltung ergibt sich folgende Gleichung eines frequenzabhängigen Spannungsteilers:

$$\frac{\underline{U}_{St}(\omega)}{\underline{U}_1(\omega)} = \frac{\dfrac{R_2}{1 + j\omega C_2 R_2}}{\dfrac{1}{j\omega C_{12}} + \dfrac{R_2}{1 + j\omega C_2 R_2}} \qquad \frac{\underline{U}_{St}(\omega)}{\underline{U}_1(\omega)} = \frac{j\omega C_{12} R_2}{1 + j\omega R_2 (C_{12} + C_2)}$$

$$\underline{U}_{St}(\omega) = \underline{U}_1(\omega) \cdot j\omega C_{12} R_2$$

$$U_{St} \approx U_1 \cdot \omega C_{12} R_2 \rightarrow \text{Annähernd berechnete Störspannung}$$

Unterdrückung der Störfrequenz durch Abschirmung (Abb. 6.5).

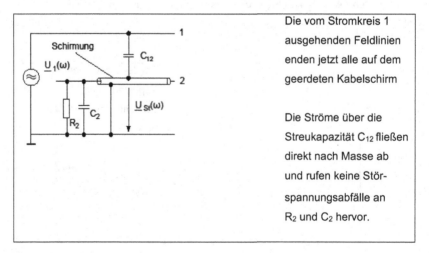

Die vom Stromkreis 1 ausgehenden Feldlinien enden jetzt alle auf dem geerdeten Kabelschirm

Die Ströme über die Streukapazität C_{12} fließen direkt nach Masse ab und rufen keine Störspannungsabfälle an R_2 und C_2 hervor.

Abb. 6.5   Störfrequenzunterdrückung. 1 = störendes System, 2 = gestörtes System, Frequenzbereich beachten

6.2.3 Induktive Kopplung

Induktive oder magnetische Kopplung entsteht zwischen zwei oder mehreren stromdurch-
flossenen Leiterschleifen (Abb. 6.6). Es bildet sich ein magnetisches Störwechselfeld aus.

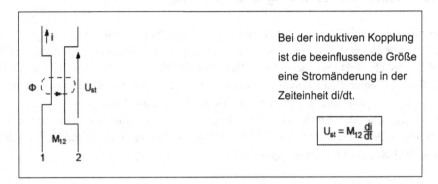

Abb. 6.6 Induktive Kopplung zwischen stromdurchflossenen Leiterschleifen

Modell: Gegeninduktivität
Die Ströme sind mit magnetischen Flüssen Φ verknüpft, welche die jeweils anderen
Leiterschleifen durchsetzen und in ihnen Störspannungen induzieren.

Die Induktionswirkung der Flüsse wird in der Abb. 6.7 mit einer Gegeninduktivität
modelliert.

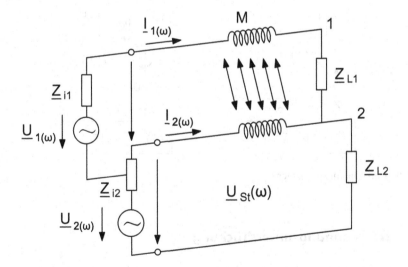

Abb. 6.7 Galvanisch getrennte Stromkreise. Modell: Gegeninduktivität

Induzierte Spannung:

$$\underline{U}_{St} = I_1(\omega)j\omega M$$

Es wird ersichtlich, dass nur die Leiterschleife 1 die Leiterschleife 2 stört, aber nicht umgekehrt. Der Strompegel in 1 sei ein Vielfaches größer als der Strompegel in 2.

6.2.4   Wellen- und Strahlungsbeeinflussung

Störstrahlung beinhaltet die Aussendung unerwünschter, meist nicht vermeidbarer elektromagnetischer Schwingungen. Diese Störungen werden über Leitungen weitergeleitet oder als elektromagnetische Wellen ausgestrahlt (Abb. 6.8). Innerhalb der Störbeeinflussung unterscheidet man zwischen kontinuierlichen Schwingungen mit einer bestimmten Frequenz und Impulsen von bestimmter Form und Dauer.

Die Intensität der Störbeeinflussung über Leitungen wird mit dem Betrag der Spannung an den Anschlusspunkten der betreffenden Leitung und bei Strahlung mit dem Betrag der Feldstärke im Raum angegeben.

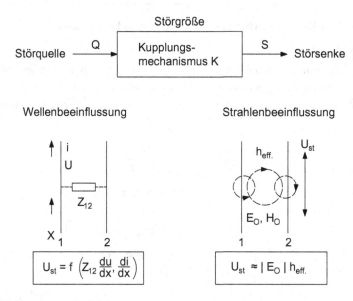

Abb. 6.8   Einkopplungsprinzipien

6.3   Störspannungsunterdrückung

6.3.1   Gleichtakt- und Gegentaktstörungen

Gleichtaktstörspannungen treten zwischen einzelnen Signaladern und Bezugsmasse (z. B. Messerde) auf (Abb. 6.9). Ursachen der Gleichtaktstörung sind z. B. transiente Erdpotenzialanhebung, Belastung der Isolation der Leitung gegen Masse. Bei Gleichtaktstörungen ist die Störgröße auf beiden Signalleitungen nach Betrag und Phase gleich.

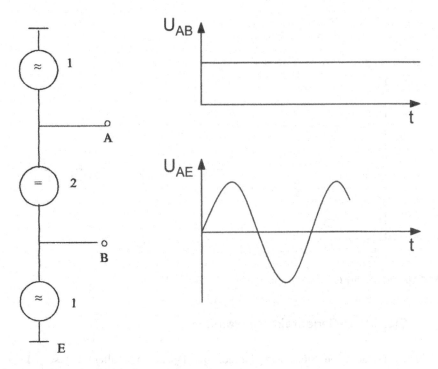

Abb. 6.9 Prinzip der Gleichtaktstörung

Die Störspannungen werden kapazitiv eingekoppelt, wobei die Störquelle parallel zur Signalquelle gegen Massepotenzial liegt.

Gegentaktstörspannungen liegen in Reihe mit dem Nutzsignal (Abb. 6.10). Die Gegentaktstörspannung wird induktiv oder galvanisch eingekoppelt und liegt zwischen beiden Leitern an.

Gegentaktstörspannungen belasten die Isolation zwischen den Adern der Leitung, verursachen Messfehler und täuschen Nutzsignale vor. Bei kleinen Signalpegeln, wie sie z. B. von Thermoelementen erzeugt werden, wirken sich diese Störungen sehr ungünstig aus, da der Messfehler sehr groß wird.

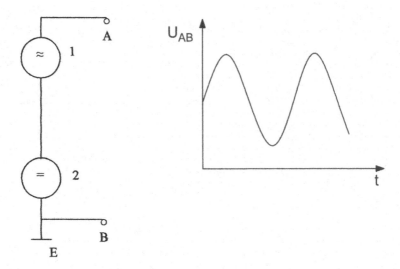

Abb. 6.10 Prinzip der Gegentaktstörung

6.3.2 Gleichtakt-Gegentakt-Umwandlung

Alle bisher betrachteten Störungswirkungen verursachen vor allem bei sehr kleinen Signalpegeln einen höheren Fehleranteil (typisch für Thermoelement-Signalstromkreise).

Da die Quelle hier einen sehr geringen Innenwiderstand hat und die Eingangswiderstände von Messverstärkern sehr hochohmig sind, kommt es zu Unsymmetrien im Messstromkreis.

Diese Unsymmetrien erzeugen eine Gleichtakt-Gegentakt-Umwandlung (Abb. 6.11).

Abb. 6.11 Gleichtakt-Gegentakt-Umwandlung

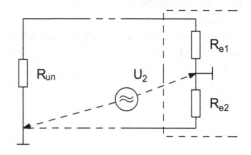

Beispiel Berechnung der Störspannung U_{St}

$$R_{un} = 500 \ \Omega$$

$$R_{e1} = R_{e2} = R_e = 500 \ k\Omega$$

$$U_2 = 5 \ V$$

$$U_{st} = \frac{R_{un}}{R_{un} + R_e} \cdot U_2$$

$$= \frac{500\Omega}{500\Omega + 500k\Omega} \cdot 5V$$

$$U_{st} \approx 5mV$$

Berechnung der Störverhältnisse eines Thermoelement-Messkreises (Abb. 6.12).

Abb. 6.12 Störbeeinflussung
mit geerdeter Messstelle

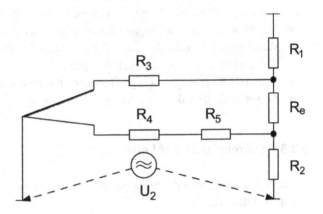

Die Messstelle wurde geerdet, um die Störspannung gering zu halten.

Beispiel Thermoelement-Messkreis

$$R_1 = R_2 = 20M\Omega$$

$$R_{4,5} = 200 \ \Omega \ (Abgleich)$$

$$U_2 = 5 \ V$$

$$U_M = 10 \ mV \ (Thermospannung)$$

$$U_{st} = \frac{R_{4,5}}{R_{1,2}} \cdot U_2$$

$$U_{st} = \frac{200\Omega}{20M\Omega} \cdot 5 \ V$$

$$U_{st} = 50 \ \mu V$$

$$\delta = \frac{U_{St}}{U_M} = 0{,}005 \ \% \ \hat{=} \ 50 \ ppm$$

Durch die eingekoppelte Störspannung beträgt der Fehler 50 ppm.

Bei dieser Schaltungsvariante ist der Eingangswiderstand R_e symmetriert (R_1, R_2).
Durch den Hersteller wird die Messstelle des Fühlers oft mit dem Schutzrohr verbunden, wodurch sie geerdet wird.
In dieser Schaltungsanordnung ist der Fehleranteil sehr gering.

Praxisbezug: Folgende Maßnahmen führen zur Verringerung oder Beseitigung störender Beeinflussung:

- Verwendung von getrennten Leitungen zur Stromversorgung und Informationsübertragung
- Aufbau getrennter Stromversorgungen für die Elektronik und den Leistungsteil
- Abschirmung des Messsystems gegen kapazitive und induktive Störfelder
- Kurze, sternförmige Erdung mit nur einem Bezugspunkt
- Netzfilterung vor dem Eingangstransformator, um Störimpulse auszufiltern
- Verringerung von induktiven und kapazitiven Gegentaktspannungen durch die Verwendung verdrillter Doppelleitungen
- Getrennte Verlegung von Signalleitungen mit unterschiedlichem Energieniveau
- Anwendung der Taktsteuerung, um Störungen auszublenden

6.3.3   Störeinflüsse auf Leitungen

In der Praxis lassen sich die Störspannungen, welche auf Signalleitungen treffen, in drei Gruppen einteilen:

- Durch die Netzspannung und ihre Oberwellen entstehen sinusförmige Störspannungen.
- Rauschspannungen werden meistens durch Widerstandsrauschen erzeugt.
- Durch Schaltvorgänge hervorgerufene impulsförmige Störspannungen

Für Sinusstörungen lässt sich der Störabstand wie folgt berechnen: $a = \dfrac{\tilde{U}}{\tilde{r}}$

a – Störabstand
$\tilde{U}$ – Signalspannung
$\tilde{r}$ – Störpegel

Datenübertragung in der Messtechnik 7

Zusammenfassung

Digitale Systemlösungen nehmen eine Schlüsselstellung in vielen unterschiedlichen Bereichen von Wissenschaft und Technik ein. Das Standard-Interface (SI) legt die Anschlussbedingungen für die digitale Datenübertragung fest. Die Übertragung der Daten erfolgt über serielle oder parallele Schnittstellen. Durch Einkopplung von induktiven und kapazitiven Störimpulsen können Informationsverluste entstehen. Für Messsignalleitungen sind die vom Hersteller angegebenen Leitungskapazitäten einzuhalten. In der Mess- und Prüftechnik erfolgt die Datenfernübertragung in den letzten Jahren oft im Online-Betrieb. Dabei sind die schnelle Erkennbarkeit von Abweichungen sowie der Schutz von Daten sehr wichtig. Zur Fehlererkennung wurden unterschiedliche Verfahren entwickelt. Die Fehlererkennung kann über Paritätsbit, durch Echobetrieb oder mithilfe der Prüfsumme vorgenommen werden. Zur Datensicherung bei Programmunterbrechungen wird der Kellerspeicher (Stapel) benutzt. Hier werden alle Registerinhalte gespeichert und nur durch die Freigabeantwort zurückgesendet.

7.1 Allgemeines

Die Informationsverarbeitung nimmt weltweit immer mehr an Bedeutung zu. Einfache analoge Rechenautomaten werden heute durch immer schneller werdende digitale Systemlösungen ersetzt.

Die Grundlagen für solche Lösungen liegen in der Anwendung binärer Schaltstufen, welche die Voraussetzung für die Darstellung der Binärziffern sind. Ein binäres Signal

© Springer Fachmedien Wiesbaden GmbH, ein Teil von Springer Nature 2021
W. Helbig, *Praxiswissen in der Messtechnik,*
https://doi.org/10.1007/978-3-658-27802-1_7

kann nur die Zustände 0 und 1 annehmen. Soll eine stetig veränderliche Größe für eine digitale Informationsverarbeitung feinstufiger als binär unterschieden werden, so muss man auf mehrere Binärstellen zurückgreifen und binäre Signalgruppen bilden.

Die Normung der Schnittstellen in Informationsverarbeitungssystemen betrifft logische, elektrische und konstruktive Bedingungen zur Sicherstellung der universellen Zusammenschaltbarkeit eines Systems. Ein Standard-Interface (SI) ist für festgelegte Daten zu den genannten Bedingungen definiert. Diese Daten können sich auf Signal-pegel, Signalcodierung, Zeitraster (synchron oder asynchron zu einem Normzeitgeber), Zeitfestlegungen und -folgen (Status-Diagramm) und Anzahl der Bus-Leitungen (Daten-, Adressen-, Steuerleitungen) beziehen. Der Datenaustausch wird durch bedingungs-abhängig wirkende Signale gesteuert.

Der IEC-Bus stellt eine Schnittstellennormung für die beliebige Zusammenschaltung programmierbarer Messgeräte dar.

Als Standard-Interface bezeichnet man alle Anschlussbedingungen, welche in ein genormtes Bussystem übertragbar sind.

7.2   Digitale Schnittstellen zur Datenübertragung

Bei der Anwendung von Mikrorechnern (Tab. 7.1) wird zwischen drei Bussystemen unterschieden:

Datenbus: Er überträgt Daten in beide Richtungen. Auf dem Datenbus erscheinen unterschiedliche Informationen, wie z. B. Datenbytes, Befehlsbytes oder ein Zustandsbit.

Adressbus: Speicherzellen werden adressiert und gewünschte Eingangs- und Aus-gangstorschaltungen werden festgelegt.

Steuerbus: Steuerbefehle (z. B. Speicher lesen) werden an die Speicherbausteine über-tragen oder Systemsignale werden empfangen. Der Steuerbus umfasst relativ wenig Leitungen.

Tab. 7.1 Übersicht über die wichtigsten Digitalschnittstellen

Schnittstelle	Art der Übertragung	Signalpegel	Übertragungslänge	Besondere Merkmale
RS 232 V. 24	Seriell	± 12 V	50 bis ca. 100 m	Störsicher
RS 422 RS 485	Seriell	5 V	ca. 1500 m	Extrem Störsicher
TTY	Seriell	20 mA	ca. 1200 m	Störsicher
IEC IEEE	Parallel	5 V	max. ca. 20 m	Schnell
Centronics	Parallel	5 V	ca. 5 m	Schnell

7.2.1   Serielle Schnittstellen

In der Messtechnik ist die RS 232 (V. 24)-Schnittstelle in vielen Systemen noch weitverbreitet. Bei einer Übertragungslänge bis zu 100 m sowie einer guten Störsicherheit ist ein universeller Einsatz gewährleistet.

Bei Mess- und Prüfgeräten mit einer seriellen Schnittstelle erfolgt das Übertragen und Verarbeiten der Binärstellen einer Information zeitlich nacheinander. Dadurch wird die Datenübertragungsgeschwindigkeit (Bit/s) verringert.

Serielle Schnittstellen gliedern sich in vier Teile:

- Polaritätszuordnung aller Signale
- Festlegung und Beschreibung der Signalleitungen
- Art des Steckers (Typ) und Belegungsplan
- Beschreibung spezieller Signale für unterschiedliche Modemtypen

Aufgrund der Datenübertragungsgeschwindigkeit ist diese Schnittstelle für niedrige Datenübertragungsraten von ca. 25 kbit/s geeignet. Alle Daten werden in negativer und Steuersignale in positiver Logikzuordnung dargestellt.

Durch die Weiterentwicklung an der RS-232-Norm sind die Schnittstellen RS 422 und RS 485 entstanden. Diese Übertragungsarten sind für größere Entfernungen sowie hohe Datenübertragungsraten gut geeignet. Die Datenübertragungsraten betragen bei einer RS 422-Schnittstelle:

ca.10 Mbit/s bei einer Entfernung von $\approx$ 15 m und

ca.100 kbit/s bei einer Entfernung von $\approx$ 1500 m.

Die Norm RS 485 ist für den echten Busbetrieb entwickelt worden. Zusätzlich besteht hier die Möglichkeit, max. 32 Treiber und max. 32 Empfänger an einen Bus anzuschließen.

International ist die Stromschnittstelle TTY weitverbreitet. Sie ist sehr störsicher und wird vorwiegend bei Zweipunktverbindungen eingesetzt.

Als Signalzuordnung gilt: $1 \hat{=} 20$ mA

$0 \hat{=} 0$ mA

Ein großer Vorteil ist die Potenzialtrennung, wodurch unterschiedliche Massepotenziale der verbundenen Geräte keine Erdschleifen bilden können.

Die Realisierung der Potenzialtrennung erfolgt über einen Optokoppler, wobei das Stromsignal über die LED fließt.

Bei der Stromschnittstelle sind grundsätzlich nur Sende- und Empfangsleitungen vorhanden. Melde- und Steuersignale fehlen in dieser Norm.

7.2.2 Parallele Schnittstellen

Bei parallelen Schnittstellen werden mehrere Datenbits (8) sofort vom Sendegerät zum Empfangsgerät übertragen.

Die Übertragungsgeschwindigkeit hängt dabei von der Verarbeitungsdauer des Empfangsgerätes ab.

Für die Ablaufsteuerung der Datenübertragung werden zusätzliche Leitungen benötigt, um eine Start/Stopp-Funktion zu garantieren. Auf der 1. Leitung wird dem Sender mitgeteilt, dass er alle Informationen übernommen hat und im Moment keine neuen übernehmen kann. Nach der Verarbeitung und Prüfung der Informationen erfolgt über eine 2. Leitung der Startimpuls vom Sender für weitere Informationen.

Um Störfaktoren weitestgehend zu eliminieren, werden bei der parallelen Übertragung relativ kurze Leitungen verwendet.

Die am häufigsten verwendete standardisierte Parallelschnittstelle ist der IEC-Bus. Diese Schnittstelle dient zum bidirektionalen Datentransfer zwischen externen Mess- und Prüfgeräten.

Aufgrund seiner Eigenschaften und der kurzen Übertragungslänge ist der IEC-Bus besonders für den Einsatz im Prüffeld oder Labor geeignet. Er umfasst 16 Signalleitungen (8 Daten- und 8 Steuerleitungen).

Alle Adressinformationen werden auf dem Datenbus nach dem Multiplexverfahren übertragen. Vor der Steuerung von Messgeräten werden diese über eigene Adressen selektiert und überprüft.

Für den parallelen Datenverkehr wurde auch die Centronics-Schnittstelle entwickelt. Der Druckeranschluss wird direkt mit der Schnittstelle am PC verbunden.

Zum Dialog zwischen PC und Drucker werden 8 Datenbits und in der Regel 5 Steuersignale benötigt. Über zwei weitere Leitungen werden die Gültigkeit und der Empfang der Daten bestätigt. Alle Signale dieser Schnittstelle werden mit TTL-Pegeln übertragen. Die vom Hersteller empfohlenen Kabellängen und Mindestabstände sind unbedingt einzuhalten!

7.3   Störfaktoren

7.3.1   Störfaktoren von außen

Durch Störsignale bei der Informationsübertragung treten oft Informationsverluste am Ausgang des Informationssystems auf. Die wichtigsten Störfaktoren, welche von außen auf das Messsystem einwirken, sind kapazitive und induktive Störsignale sowie Funkstöraussendungen. Kapazitive Störungen werden durch die Einkopplung von Störimpulsen auf die Datenleitungen erzeugt.

Zwei parallel liegende Messleitungen wirken in der Praxis wie ein Kondensator. Störimpulse durch Schaltvorgänge werden durch die Kondensatorwirkung nicht gedämpft und es erfolgt eine direkte Einkopplung (Rauschen) über die Datenleitungen auf das System.

Induzierte Spannungsstöße entstehen bei plötzlichen Stromänderungen. Diese Koppeleffekte entstehen durch das EIN- und Ausschalten von Lasten oder Geräten mit einer hohen Stromaufnahme.

Um diese Koppeleffekte sehr gering zu halten, ist es empfehlenswert, die Impedanz einer Übertragungsleitung sehr kleinzuhalten.

Der Abstand von der Datenverarbeitungsanlage zu Transformatoren sollte sehr groß sein, damit die Einkopplung magnetischer Felder vermieden wird.

7.3.2 Störfaktoren von innen

An Leitungen, welche parallel verlaufen, wird durch die kapazitive Kopplung dem digitalen Signal Energie entzogen. Mit steigender Signalfrequenz werden die höheren Frequenzanteile im Signal stark beeinträchtigt und bedämpft. Dadurch wird das digitale Signal immer flacher und die Leitung wirkt wie ein Tiefpass.

In Verbindung mit der Übertragungsleitung kann das Messsignal selbst eine Störung hervorrufen. Da jede Übertragungsleitung aus Kapazitäten und Induktivitäten besteht, sollte man diese möglichst kurzhalten, um damit die Einkopplungen zu verringern.

Von Herstellern wird für Messsignalleitungen die Leitungskapazität angegeben. Die Werte liegen dabei zwischen 30 und 90 pF/m.

In der Praxis sind Werte von 30 bis 50 pF/m zu empfehlen.

7.4 Datenfernübertragung

Bei der Datenfernübertragung erfolgte der Austausch von Messdaten zwischen mindestens zwei Computern über Telefonleitungen und Modems oder durch den Transport konventioneller Datenträger.

In den letzten Jahren wurde die Übertragung von Daten im Online-Betrieb aktuell und in vielen Anwendungsbereichen verbindlich.

Die meisten Datenträger haben genormte Aufzeichnungsformate, damit sie von allen Computern verarbeitet werden können. Die Datenverarbeitung und Übertragung wird heute an die Leistungsfähigkeit des Computers geknüpft.

Die Vorteile der Online-Datenübertragung in der Mess- und Prüftechnik sind vielfältig und nehmen eine Schlüsselstellung ein. Durch moderne Vermittlungseinrichtungen kann eine besonders niedrige Fehlerrate bei der Übertragung von Daten garantiert werden.

Wichtige Vorteile der Online-Datenübertragung im Messwesen:

- Schnelle Kommunikation zwischen Auftraggeber und Auftragnehmer zu Prüfabläufen und Qualitätsforderungen
- Sofortiger Zugriff auf technische Daten der Gerätehersteller beziehungsweise Anwender
- Hohe Zeit- und Kosteneinsparung bei der Übermittlung von Prüf- und Kalibrierscheinen
- Schnelle Auswertung der Prüfergebnisse mit kompletter Fehlerbetrachtung nach Einsatzbedingung des Auftraggebers
- Kürzere Unterbrechung von Prüfabläufen beim Auftraggeber, da Qualitätsaussagen kurzfristig möglich sind, wodurch oft hohe Kosten durch geringere Ausfallzeiten der Prüflinge stark minimiert werden

Bei allen Arten der Datenfernübertragung müssen Störungen vermieden werden. Oft erfolgt eine Codierung, welche Redundanz enthält und Fehlererkennung oder -korrektur sofort möglich macht.

7.5 Datensicherung im Messwesen

7.5.1 Schutz der Messdaten

Eine sehr wichtige Aufgabe ist der Schutz von Messdaten vor zufälligen oder bewussten Verfälschungen. Durch die Verbreitung der Daten über vernetzte Messsysteme entsteht für das gesetzliche Messwesen eine große Verantwortung, um diese Daten zu schützen.

Durch die Zusammenarbeit von PTB, DAkkS und Industrie konnten viele Konzepte und Prototyplösungen zum Schutz der Messdaten entwickelt werden.

Der Schwerpunkt dieser Aufgabe ist der Schutz von Messdaten, wenn diese außerhalb von Messgeräten gespeichert werden oder über offene Netze (z. B. Internet) übertragen werden.

Die Mindestschutzanforderungen garantieren die zeitunabhängige Zuordnung von verarbeiteten Messdaten zu ihrer Quelle (Authentizität) sowie ihre Unverfälschtheit (Integrität).

Die Konzepte zu sicheren Lösungen werden ständig weiterentwickelt und in vielen verschiedenen Messsystemen werden sie bereits angewendet.

Die Priorität von Schutzanforderungen liegt bei der sofortigen Erkennbarkeit von Abweichungen. Wird ein Übertragungsfehler erkannt, gibt es die Möglichkeit, die Daten noch einmal zu transferieren. Komplexe Prüfverfahren können eine direkte Korrektur von fehlerhaft übertragenen Werten vornehmen.

7.5.2 Verfahren zur Fehlererkennung

Bei der Übertragung und Speicherung von codierten Informationen können unterschiedliche Fehler auftreten, welche bei geeigneter Codierung erkannt und korrigiert werden können.

Es müssen immer zusätzliche Informationen übertragen werden, wobei die Redundanz größer null wird. (Hamming-Distanzen $D = 1$; $D = 2$; $D = 3$).

Um in das nächste gültige Codewort zu gelangen, sind zum Beispiel für $D = 2$ zwei Bit zu ändern.

- Kontrolle über Paritätsbit

Paritätsbit und Prüfzeichen dienen als Prüfinformation zur automatischen Kontrolle von Datenverarbeitungsanlagen.

Das Paritätsbit ist ein Bit, das die für die Darstellung eines Zeichens erforderliche Anzahl von Informationen zu einer geraden oder ungeraden Zahl von Einsen (1) oder Nullen (0) ergänzt. Mehrere Paritätsbits können zu einem Prüfzeichen zusammengefasst werden.

Ein zusätzliches Bit wird zu jedem Codewort hinzugefügt, wobei die Quersumme eine vorgegebene Bedingung erfüllt.

Für die Parität wird ein Paritätsbit so hinzugefügt, dass die Quersumme einschließlich Paritätsbit gerade ist. Für ungerade Parität wird das Paritätsbit so gebildet, dass die Quersumme einschließlich Paritätsbit ungerade ist.

Ein gesicherter Code mit Paritätsbit kann 1-bit-Fehler erkennen, da der Fehler die Quersumme verändert.

Beispiel BCD-Code mit geradem und ungeradem Paritätsbit (Tab. 7.2).
Bei der seriellen Übertragung von Daten über die RS 232-Schnittstelle werden oft Paritätsbits zur Kontrolle eingesetzt.

- Kontrolle durch Echobetrieb

Eine einfache, aber sehr sichere Methode zur Fehlererkennung im Datenverkehr mit Terminals bietet der Echobetrieb. Von einem Gerät, welches an diesem Terminal angeschlossen ist, wird die empfangene Information als Echo zurückgesendet und kann auf einem Bildschirm ausgewertet werden.

Wird ein Fehler erkannt, hat der Benutzer die Möglichkeit, die zuletzt eingegebene Information zu löschen und später durch eine neue Information zu ersetzen. Dieses Verfahren gewährleistet eine optimale Fehlererkennung und Korrektur.

Tab. 7.2 BCD-Code mit
Paritätsbit

Dezimal-	Wertigkeit				P_{ger}	P_{ung}
ziffer	8	4	2	1		
0	0	0	0	0	0	1
1	0	0	0	1	1	0
2	0	0	1	0	1	0
3	0	0	1	1	0	1
4	0	1	0	0	1	0
5	0	1	0	1	0	1
6	0	1	1	0	0	1
7	0	1	1	1	1	0
8	1	0	0	0	1	0
9	1	0	0	1	0	1

$P_{ger.}$ = Paritätsbit gerade
$P_{ung.}$ = Paritätsbit ungerade

- Kontrolle mithilfe der Prüfsumme

Die Prüfsumme ist eine Kontrollzahl zur Erkennung von Fehlern bei der Eingabe numerischer Daten. Sie wird durch Summierung numerischer Eingabedaten gebildet und nach der Eingabe mit einer von der Datenverarbeitungsanlage nach gleicher Vorschrift gebildeten Kontrollzahl verglichen.

Wird eine Abweichung zwischen den Werten festgestellt, kann man von einer Störung in der Übertragung ausgehen. Eine genaue Lokalisierung des Fehlers ist auf diese Weise nicht möglich. Dieses Verfahren ist sehr zeitaufwendig und wird in der Praxis nur noch selten genutzt.

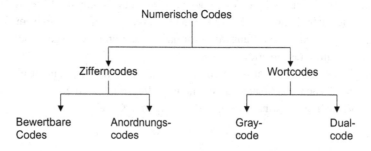

Numerische Codes (Übersicht)

7.5.3   Datensicherung bei Programmunterbrechungen

Alle Daten, welche von einem Prozessor bearbeitet werden, sowie deren Adressangaben müssen gegen jede Art von Programmunterbrechungen gesichert werden.

Dieser Schritt ist sehr wichtig, bevor auf den Bus zugegriffen oder das Programm durch Aufruf eines Unterprogrammes unterbrochen wird.

Um alle Daten zu sichern, benutzt man den Kellerspeicher, welcher auch als Stapel oder Stack bezeichnet wird. Dieser Kellerspeicher ist ein unzugänglicher Teil des Hauptspeichers. Der Adressenbereich des Hauptspeichers wird in einem Register des Prozessors (Stackpointer) abgelegt und gespeichert. Durch die Zählereigenschaften des Stackpointers werden beim Einschreiben mit dem PUSH-Befehl Informationen rückwärts gezählt. Bei der Abfrage einer Information mit dem POP-Befehl wird vorwärts gezählt.

Erfolgt eine Busanforderung von außen, dann werden die Registerinhalte des Prozessors automatisch im Kellerspeicher gesichert. Danach wird die Freigabeantwort Bus-Acknowledge an den Bus gesendet.

Da eine Busanforderung von außen einer Programmunterbrechung gleichkommt, müssen die Registerinhalte aus dem Kellerspeicher zurückgeholt werden. Das beginnt, sobald der Bus wieder frei ist.

Allgemein: PUSH-Befehl   (PUSH = Drücken)

                  POP-Befehl   (POP = Ziehen)

Wichtige Elemente des Prüfmittelmanagements zur Sicherstellung von Produkt- und Prozessqualität

Zusammenfassung

Das Prüfmittelmanagement bildet die Basis für eine optimale Sicherstellung von Prozess- und Produktqualität, d. h. für jede Prüfaufgabe müssen geeignete und kalibrierte Prüfmittel zur Verfügung stehen. Alle Systeme und Prozesse unterschiedlicher Unternehmen müssen kontinuierlich optimiert werden, um die Produktqualität zu verbessern. Für Mess- und Prüfräume müssen die Referenzbedingungen eingehalten und turnusmäßig überwacht werden. Durch Absoluttemperatur, relative Luftfeuchte, Energieaustausch, Schwingungen, Fremdfelder und Luftverunreinigung kann die Messunsicherheit beeinflusst werden.eim Zur Auswertung der Messergebnisse wird ein Kalibrierschein nach DAkkS-Richtlinien erstellt. Dieser Schein muss eine Konformitätsaussage über Messergebnisse und Spezifikationen enthalten. Die Gesamtmessunsicherheit wird über Messwert, erweiterte Messunsicherheit, Standardmessunsicherheit und Standarderweiterungsfaktor ermittelt. Fehlerhafte Prüfmittel müssen gekennzeichnet, rückgestuft oder ausgesondert werden.

8.1 QM-Elemente in der Überwachungsphase

Garantiert ein Gerätehersteller eine Grundfehlergrenze, so gilt diese nur bei Einhaltung bestimmter Rahmenbedingungen (Bezugs- oder Normalbedingungen), unter denen das betreffende Prüfgerät eingesetzt wird. Außerdem gilt diese Grundfehlergrenze nur für eine bestimmte Zeit. In der Gerätedokumentation des Herstellers wird der zeitliche Gültigkeitsbereich als Empfehlung angegeben. Im Qualitätshandbuch des Anwenders müssen alle Prüffristen genau dokumentiert werden.

© Springer Fachmedien Wiesbaden GmbH, ein Teil von Springer Nature 2021
W. Helbig, *Praxiswissen in der Messtechnik*,
https://doi.org/10.1007/978-3-658-27802-1_8

Alle Bedingungen, unter denen Grundfehlergrenzen gelten, sind in verschiedenen Normen sowie VDI-Richtlinien festgelegt.

Durch die Einführung von Normen im Qualitätsmanagement muss die lückenlose Rückführbarkeit von allen am Fertigungsprozess benötigten physikalischen Größen sichergestellt werden. Dafür werden Messräume mit konstanten Rahmenbedingungen und stark eingeschränkten Störpegeln benötigt.

Zur Vermeidung von Fehlinvestitionen müssen Richtlinien und vor allem Erfahrungswerte genau analysiert werden.

Die **VDI-Richtlinie 2627 Blatt 1:** „Messräume, Klassifizierung und Kenngrößen, Planung und Ausführung" stellt dem Anwender viele wichtige Informationen zur Verfügung.

Für eine präzise Planung mit weiteren Kenngrößen zum Aufbau von Mess- und Prüfräumen ist ergänzend die VDI/VDE-Richtlinie 2627 [13] geeignet. Diese Richtlinie beinhaltet neben vielen Detaillösungen eine ausführliche Literaturzusammenstellung.

8.1.1 Referenzbedingungen für Mess- und Prüfräume

Die wichtigste Festlegung innerhalb der Referenzbedingungen sind unterschiedliche Bezugstemperaturen zum Prüfen mechanischer sowie elektrischer Größen.

Messzeuge und Werkstücke werden bei einer Bezugstemperatur von 20 °C geprüft. Alle elektrischen Größen werden bei einer Bezugstemperatur von 23 °C geprüft.

Viele Unternehmen oder DAkkS-Prüfstellen benötigen daher zwei verschiedene Messräume mit unterschiedlichen Bezugstemperaturen.

Alle technischen Maßangaben beziehen sich auf Bezugstemperaturen von 20 °C oder 23 °C, wenn keine anderen Angaben (Herstellerangaben) vorliegen.

In der DIN 50014 sind Normalklimate bei unterschiedlichen Referenzbedingungen mit Toleranzangaben festgelegt.

1. Normalklimate (Tab. 8.1)
2. Klassen (Tab. 8.2)

Tab. 8.1 Übersicht Normalklimate

Lufttemperatur t °C	Relative Luftfeuchte u %	Taupunkttemperatur t_d °C	Luftdruck p hp_a	Luftgeschwindigkeit v m/s
20	55	13,2	860	≤ 1
23	50	12,0	bis 1060	

Tab. 8.2 Normalklimate mit Grenzabweichungen	Klasse	Grenzabweichungen der Lufttemperatur Δt K	Grenz-abweichungen der rel. Luftfeuchte Δu %
	0,5	±0,5	±1,5
	1	±1	±3
	2	±2	±6

Praxisbezug

Vor Beginn der Planungsphase ist eine Checkliste für die Beurteilung der Räumlichkeiten und Ausstattung sowie für die Investitions- und Betriebskosten sehr vorteilhaft.

Auch die Energiezufuhr (Wärmeaustausch) sowie die Lage und Größe der Fenster müssen in die Planung einbezogen werden.

8.1.2 Prüfräume für Kalibrieraufgaben

Einige wichtige Forderungen an Prüfräume zum Kalibrieren wurden durch die Bezugstemperaturen und Normklimate bereits definiert. Für den Aufbau eines Kalibrierlabors müssen weitere Kenngrößen beachtet werden und in die Messbedingungen übernommen werden.

Die Anforderungen an Prüfräume zum Kalibrieren sind für den Betreiber genau festgelegt und müssen ohne Einschränkungen eingehalten werden.

Die Berechnung oder die Schätzung der erweiterten Messunsicherheit nehmen den größten Einfluss auf die Anforderungen an ein Kalibrierlabor. Der Nachweis der Konformität der Produkte wird durch die Angabe der erweiterten Messunsicherheit festgelegt. Eine wichtige Anforderung an das Kalibrierlabor ist dabei die lückenlose Rückführbarkeit aller Messergebnisse.

Auf sehr viele physikalische Größen hat die Temperatur einen großen Einfluss auf die Messunsicherheit. Den größten Einfluss auf die Messunsicherheit verursachen **zeitliche Temperaturgradienten.** Aus diesem Grund muss bei der Planung und Nutzung von Kalibrierräumen die zeitliche Temperaturkonstanz vorrangig beachtet werden.

Eine Minimierung der Temperaturgradiente wird in Kalibrierräumen wie folgt erreicht:

- Konstante Wärmelast
- Luftgeschwindigkeit muss an Größe und Beschaffenheit des Raumes angepasst werden
- Schnelle Regelung am Lufteinlass
- Sehr schnelle Regelung der Einblastemperatur
- Kombinieren von Radiation und Konvektion

Eine Übersicht auf weitere Einflüsse auf die Messunsicherheit (Abb. 8.1) sowie auf Entscheidungsregeln bei Nichtübereinstimmung von Spezifikationen enthält die DIN EN ISO 14253-1 von 1998.

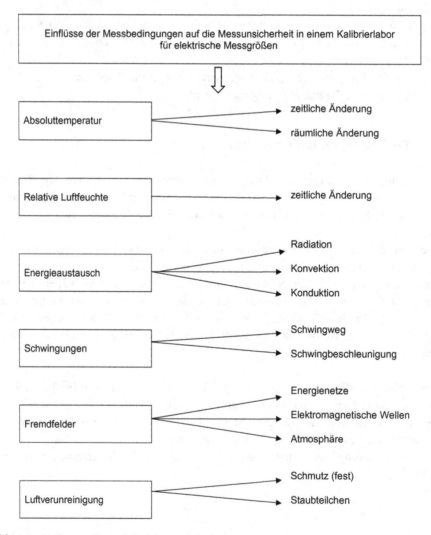

Abb. 8.1 Einflussgrößen auf die Messunsicherheit

In allen Messräumen zum Kalibrieren müssen auf jeden Fall die Temperatur und die Luftfeuchtigkeit geregelt werden.

Mit sehr viel Aufwand und einer konstanten Temperaturregelung werden schon zeitliche Temperaturkonstanzen von 0,5 °C im Kalibrierraum erreicht. Dabei geht die Luftführung im Kalibrierraum meistens von unten nach oben.

Die relative Luftfeuchtigkeit sollte 55 % nicht übersteigen, damit keine zeitlichen Änderungen eintreten.

Für die Planung und Realisierung von Kalibrierräumen ist die VDI/VDE-Richtlinie 2627 sehr hilfreich, da hier alle Kenngrößen und Informationen zusammengefasst sind.

8.2 Dokumentation und Auswertung von Messergebnissen

8.2.1 Dokumentation

Im Rahmen eines Qualitätsmanagementsystems „QM-Element: Prüfmittelüberwachung" muss der Kalibriervorgang dokumentiert werden. Die Zuordnung zwischen Kalibrierdokument und Kalibriergegenstand muss eindeutig und nachvollziehbar sein.

8.2.1.1 Kalibrierschein

Über die Kalibrierung ist ein Kalibrierschein zu erstellen, der klar und eindeutig das Kalibrierergebnis mit der zugeordneten erweiterten Messunsicherheit sowie alle wichtigen Informationen über den Kalibriergegenstand und den Kalibrierablauf enthalten muss. Der Kalibrierablauf wird durch die Angabe der verwendeten Kalibrierrichtlinie bestätigt.

Wird die Kalibrierung von nicht akkreditierten Stellen ausgeführt (z. B. nicht durch die DAkkS – Deutsche Akkreditierungsstelle GmbH), wird dem Auftraggeber zur Erleichterung des Nachweises der Rückführung auf nationale oder internationale Normale empfohlen, die Angabe der zur Kalibrierung verwendeten Bezugs- oder Gebrauchsnormale auf dem Kalibrierschein zu verlangen.

Besonderheit Stationäre Mess- und Prüfmittel verlangen mobile Kalibriereinrichtungen; während der Kalibrierung vor Ort (On-Site-Calibration) können besondere Bedingungen herrschen (z. B. instationäre Temperaturen), die erfasst und bei der Messunsicherheitsbetrachtung als Störgrößen berücksichtigt werden müssen.

8.2.1.2 Konformitätsaussagen

Im Kalibrierschein müssen in Verbindung mit den Messergebnissen oder auch ohne Angabe der Messergebnisse Aussagen zur Konformität des Kalibriergegenstandes mit messtechnischen Spezifikationen gemacht werden. Diese Spezifikationen können nationale oder internationale Normen, VDI/VDE-Richtlinien oder Herstellerspezifikationen sein.

Die Konformitätsaussage muss auf Messungen beruhen und darf sich nur auf mess-technische Spezifikationen beziehen, deren Einhaltung im Rahmen der durchgeführten Messungen festgestellt wurde, und die eindeutig identifizierbar sind, z. B. durch genaue Angabe des Abschnitts einer Norm oder einer Richtlinie. Auch Festlegungen des Geräte-herstellers sowie Aufzeichnungen im QM-Handbuch sind zu beachten.

Werden die Messergebnisse im Kalibrierschein angegeben, sind sie für spätere Nach-prüfungen im Kalibrierlaboratorium über einen angemessenen Zeitraum (z. B. fünf Jahre) aufzubewahren.

8.3   Auswertung der Gesamtmessunsicherheit

8.3.1   Erweiterte Messunsicherheit

Im Kalibrierschein ist das vollständige Messergebnis in der Form: $y \pm U$ anzugeben.

$$U = K \cdot u\,(y)$$

$y =$ Messwert
$U =$ erweiterte Messunsicherheit
$u =$ Standardmessunsicherheit
$K =$ Standarderweiterungsfaktor

Der Faktor $K > 1$ in der erweiterten Messunsicherheit ist stets anzugeben.

Für Kalibrierzwecke wird meist ein Faktor $K = 2$ verwendet, was einer statistischen Sicherheit von 95 % entspricht.

Die Standardmessunsicherheit u und die erweiterte Messunsicherheit U sind positiv und werden ohne Vorzeichen angegeben.

Die Gesamtmessunsicherheit setzt sich aus folgenden Komponenten zusammen:

- Beitrag durch das verwendete Normal
- Beitrag durch das Kalibrierverfahren und die Kalibrierbedingungen (z. B. Thermo-spannungen, Übergangswiderstände, Leitungswiderstände, Temperatureinfluss auf das Normal)
- Beitrag durch das zu kalibrierende Mess- oder Prüfmittel (z. B. Kurzzeitstabilität, Auflösung der Anzeige, Signalrauschen)

Falls keine Korrelationen bestehen, sind die einzelnen Komponenten quadratisch zu addieren:

$$u^2(y) = u^2_{\text{Normal}}(y) + u^2_{\text{Verfahren}}(y) + u^2_{\text{Gegenstand}}(y)$$

Die Gesamtmessunsicherheit ergibt sich aus:

$$u_{\text{Gesamt}} = \sqrt{u_{\text{Normal}}^2 + u_{\text{Verfahren}}^2 + u_{\text{Gegenstand}}^2}$$

Die Zusammenstellung der einzelnen Fehleranteile wurde bereits im Kap. 3 dargestellt.

Übersicht: Fehleranteile des Kalibriergegenstandes Digitalmultimeter
Folgende Einflussgrößen sind anteilmäßig zu beachten:

- Nullpunktabweichung
- Auflösung
- Anzeigeschwankung
- Abweichung durch Umgebungseinflüsse

Aus diesen Einflussgrößen werden die Unsicherheiten absolut, die Unsicherheit relativ, bezogen auf den Kalibrierpunkt, sowie die Varianz relativ ermittelt.

8.3.2 Kalibrierscheine (2 Beispiele aus der Praxis)

8.3.2.1 Kalibrierschein: Multimeter – Typ: 34401

In dem folgenden Kalibrierschein wird eine komplette Kalibrierung eines hochwertigen Multimeters von der Firma Agilent dargestellt und ausgewertet (Abb. 8.2). Dabei kommt eine spezielle Kalibriersoftware zum Einsatz.

Die Umgebungsbedingungen sind im Rahmen der Akkreditierung für das ausführende Labor festgelegt worden.

Das DAkkS-Logo wurde auf dem **Muster-Kalibrierschein** nicht verwendet.

Durch die fortschreitende Digitalisierung werden immer mehr Kalibrierdaten in elektronischer Form ohne Kalibrierschein weitergegeben. Dazu bedarf es einer Prüfung im Rahmen einer Begutachtung durch die Akkreditierungsstelle.

Der Vorteil der elektronischen Übertragung besteht darin, dass der Kunde zeitnah alle Kalibrierergebnisse erhält und bei Bedarf Korrekturmaßnahmen einleiten kann.

8.3.2.2 Kalibrierschein: Stromzange – Typ: i400s

Mit der Wechselstromzange i400s führen Sie genaue Strommessungen durch, ohne dass der Stromkreis unterbrochen wird (Abb. 8.3). Sie besitzt zwei Messbereiche 40 AIAC und 400 AIAC.

Diese Wechselstromzange wird in der Praxis meistens in Verbindung mit einem Scope-Meter als Netzqualitätsmessgerät eingesetzt. Ein großer Vorteil dieser Stromzange ist die Sicherheit gemäß Überspannungskategorien

CAT IV 600 V

CAT III 1000 V

Kalibrierlaboratorium

Kalibrierung rückführbar auf nationale und
internationale Normale bzw. Institutionen
gesichert.

KALIBRIERSCHEIN

Kalibrierschein-Nr.:   I2694

Gegenstand: MULTIMETER

Hersteller: Agilent

Typ: 34401A

Ser.-Nr.:   …

Inv. -Nr.:   …

Auftraggeber: Musterfirma

                    Strasse

                    Ort

Dieser Kalibrierschein dokumentiert die Rückführbarkeit der verwendeten Normale auf Normale zur Darstellung der physikalischen Einheiten in Übereinstimmung mit dem internationalen Einheitensystem (SI).

Die Kalibrierung erfolgt auf der Grundlage anerkannter Normen und Richtlinien sowie eines Qualitätsmanagement-Systems gemäß DIN EN ISO/IEC 17025:2005.

Für die Einhaltung einer angemessenen Frist zur Wiederholung der Prüfung ist der Benutzer verantwortlich.

Langzeitstabilitätsaussagen zu den Messergebnissen werden nicht gemacht, können aber beauftragt werden.
Konformitätsaussagen zu einer durch ein Staatsinstitut anerkannten Spezifikation bzw. Norm sind im Auftrag zu vereinbaren. In Bezug auf nicht anerkannte Spezifikationen bzw. Normen wird die Aussage unter Vorbehalt gegeben.
Die Spezifikation bzw. Norm muss messtechnischen Charakter haben.

Ergebnis der Kalibrierung: Entspricht bei Eingang / Ausgang den Kennwerten des Herstellers (in Bezug auf die Messwerte im Prüfprotokoll).

Umfang des Kalibrierscheines: 7 Seiten

Eingangsdatum: 01.03.2019

Ort und Datum der Kalibrierung: Ort, 01.03.2019

Dieser Kalibrierschein darf nur vollständig und unverändert weiterverbreitet werden. Auszüge oder Änderungen bedürfen der Genehmigung des ausstellenden Kalibrierlaboratoriums.

01.03.2019

Stempel	Ausstellungsdatum	Bearbeiter
	Tel.:	eMail:

Abb. 8.2   Muster-Kalibrierschein Multimeter

| Kalibrierschein I2694 | Seite 2 von 7 |
| | Datum: 01.03.2019 |

Kalibrierverfahren

Die Kalibrierung erfolgt durch Vergleich der Anzeigewerte des Kalibriergegenstandes MULTIMETER mit den durch die Kalibriereinrichtung / Normale dargestellten Werten (richtige Werte). Zur Kalibrierung wurde die Richtlinie des VDI/VDE/DGQ/DKD 2622 Blatt 3 vom Dezember 2004 genutzt.

1. Messunsicherheit des Kalibrierverfahrens

Angegeben ist die erweiterte Messunsicherheit, die sich aus der Standardmessunsicherheit durch Multiplikation mit dem Erweiterungsfaktor k=2 ergibt. Der Wert der Messgröße liegt mit einer Wahrscheinlichkeit von 95% im zugeordneten Werteintervall. Sie wurde gemäß VDI/VDE/DGQ/DKD 2622 Blatt 2 vom Mai 2003 nach Ermittlungsmethode B und Anhang B ermittelt. Eingeschlossen sind die Unsicherheiten des Kalibriergegenstandes während der Kalibrierung.

2. Umgebungsbedingungen

Temperatur: (23±3) °C
Relative Luftfeuchte: (45±10) %

3. Messbedingungen (allgemeine)

Es sind keine allgemeinen Messbedingungen aufgeführt.
Die spezifischen Bedingungen sind den jeweiligen Prüfpunkten zugeordnet.

4. Konformität

iT	Messwert innerhalb der Herstellerspezifikationen (unter Berücksichtigung der Messunsicherheit).
iT*	Messwert bedingt innerhalb der Herstellerspezifikationen. Unter Berücksichtigung der Messunsicherheit kann keine Konformitätsaussage getroffen werden.
aT*	Messwert bedingt außerhalb der Herstellerspezifikationen. Unter Berücksichtigung der Messunsicherheit kann keine negative Konformitätsaussage getroffen werden.
aT	Messwert außerhalb der Herstellerspezifikationen (unter Berücksichtigung der Messunsicherheit).

5. Normale

Gegenstand	Hersteller / Typ	Serien-Nr.	Kalibrierschein-Nr. / Kalibrierlabor	Rekal.-Datum
AC/DC TRANSFER STANDARD	FLUKE / 792A			20-10
CURRENT SHUNT ADAPTER	FLUKE / 792A-7004			20-08
CURRENT SHUNT	FLUKE / A40-2A			21-01
MULTIMETER	HEWLETT PACKARD / 3458A			20-02
CALIBRATOR	FLUKE / 5720A			19-08

Bemerkung: Hiermit bestätigen wir, dass die im …Kalibrierlabor D-K-… intern durchgeführten Kalibrierungen bzw. Rekalibrierungen über entsprechende Bezugs- und Gebrauchsnormale auf das SI-Einheitensystem rückgeführt sind.

Abb. 8.2 (Fortsetzung)

Kalibrierschein I2694	Seite 3 von 7
	Datum: 01.03.2019

6. Selbsttest

Version	Test	Ergebnis
1991,0	PASS	OK

7. Nullpunkttest der rückseitigen Eingänge

Spezifik	Bereich	Richtiger Wert	Anzeige-wert	Abs. Mess-unsicherheit	Untere Toleranz	Obere Toleranz	Erg.
DCC	10 mA	0,0000 mA	0,0004 mA	$60 \cdot 10^{-6}$ mA	-0,0020 mA	0,0020 mA	iT
	100 mA	0,0000 mA	0,0000 mA	$60 \cdot 10^{-6}$ mA	-0,0050 mA	0,0050 mA	iT
	1 A	0,00000 A	0,00000 A	$6,0 \cdot 10^{-6}$ A	-0,00010 A	0,00010 A	iT
	3 A	0,00000 A	-0,00007 A	$6,0 \cdot 10^{-6}$ A	-0,00060 A	0,00060 A	iT
DCV	100 mV	0,0000 mV	-0,0005 mV	$0,31 \cdot 10^{-3}$ mV	-0,0035 mV	0,0035 mV	iT
	1 V	0,000000 V	-0,000001 V	$0,70 \cdot 10^{-6}$ V	-0,000007 V	0,000007 V	iT
	10 V	0,00000 V	0,00000 V	$6,0 \cdot 10^{-6}$ V	-0,00005 V	0,00005 V	iT
	100 V	0,0000 V	0,0000 V	$60 \cdot 10^{-6}$ V	-0,0006 V	0,0006 V	iT
	1000 V	0,000 V	0,000 V	$0,60 \cdot 10^{-3}$ V	-0,010 V	0,010 V	iT
2W-DCR	100 Ω	0,0000 Ω	0,0000 Ω	$0,50 \cdot 10^{-3}$ Ω	-0,0040 Ω	0,0040 Ω	iT
	1 kΩ	0,00000 kΩ	0,00000 kΩ	$6,0 \cdot 10^{-6}$ kΩ	-0,00001 kΩ	0,00001 kΩ	iT
	10 kΩ	0,0000 kΩ	0,0000 kΩ	$60 \cdot 10^{-6}$ kΩ	-0,0001 kΩ	0,0001 kΩ	iT
	100 kΩ	0,000 kΩ	0,000 kΩ	$0,60 \cdot 10^{-3}$ kΩ	-0,001 kΩ	0,001 kΩ	iT
	1 MΩ	0,00000 MΩ	0,00000 MΩ	$6,0 \cdot 10^{-6}$ MΩ	-0,00001 MΩ	0,00001 MΩ	iT
	10 MΩ	0,0000 MΩ	0,0000 MΩ	$60 \cdot 10^{-6}$ MΩ	-0,0001 MΩ	0,0001 MΩ	iT
	100 MΩ	0,000 MΩ	0,000 MΩ	$0,60 \cdot 10^{-3}$ MΩ	-0,010 MΩ	0,010 MΩ	iT
4W-DCR	100 Ω	0,0000 Ω	0,0000 Ω	$60 \cdot 10^{-6}$ Ω	-0,0040 Ω	0,0040 Ω	iT
	1 kΩ	0,00000 kΩ	0,00000 kΩ	$6,0 \cdot 10^{-6}$ kΩ	-0,00001 kΩ	0,00001 kΩ	iT
	10 kΩ	0,0000 kΩ	0,0000 kΩ	$60 \cdot 10^{-6}$ kΩ	-0,0001 kΩ	0,0001 kΩ	iT
	100 kΩ	0,0000 kΩ	0,0000 kΩ	$60 \cdot 10^{-6}$ kΩ	-0,0010 kΩ	0,0010 kΩ	iT
	1 MΩ	0,00000 MΩ	0,00000 MΩ	$6,0 \cdot 10^{-6}$ MΩ	-0,00001 MΩ	0,00001 MΩ	iT
	10 MΩ	0,0000 MΩ	0,0000 MΩ	$60 \cdot 10^{-6}$ MΩ	-0,0001 MΩ	0,0001 MΩ	iT
	100 MΩ	0,000 MΩ	0,000 MΩ	$0,60 \cdot 10^{-3}$ MΩ	-0,010 MΩ	0,010 MΩ	iT

8. Nullpunkttest der frontseitigen Eingänge

Spezifik	Bereich	Richtiger Wert	Anzeige-wert	Abs. Mess-unsicherheit	Untere Toleranz	Obere Toleranz	Erg.
DCC	10 mA	0,0000 mA	-0,0004 mA	$60 \cdot 10^{-6}$ mA	-0,0020 mA	0,0020 mA	iT
	100 mA	0,0000 mA	0,0000 mA	$60 \cdot 10^{-6}$ mA	-0,0050 mA	0,0050 mA	iT

iT / iT* / aT* / aT siehe Punkt 5 Konformität

Abb. 8.2 (Fortsetzung)

| Kalibrierschein I2694 | | Seite 4 von 7 |
| | | Datum: 01.03.2019 |

Spezifik	Bereich	Richtiger Wert	Anzeige-wert	Abs. Mess-unsicherheit	Untere Toleranz	Obere Toleranz	Erg.
	1 A	0,00000 A	0,00001 A	$6,0 \cdot 10^{-6}$ A	-0,00010 A	0,00010 A	iT
	3 A	0,00000 A	-0,00007 A	$6,0 \cdot 10^{-6}$ A	-0,00060 A	0,00060 A	iT
DCV	100 mV	0,0000 mV	-0,0001 mV	$0,31 \cdot 10^{-3}$ mV	-0,0035 mV	0,0035 mV	iT
	1 V	0,000000 V	0,000000 V	$0,70 \cdot 10^{-6}$ V	-0,000007 V	0,000007 V	iT
	10 V	0,00000 V	0,00000 V	$6,0 \cdot 10^{-6}$ V	-0,00005 V	0,00005 V	iT
	100 V	0,0000 V	-0,0001 V	$60 \cdot 10^{-6}$ V	-0,0006 V	0,0006 V	iT
	1000 V	0,000 V	0,000 V	$0,60 \cdot 10^{-3}$ V	-0,010 V	0,010 V	iT
2W-DCR	100 Ω	0,0000 Ω	0,0000 Ω	$0,50 \cdot 10^{-3}$ Ω	-0,0040 Ω	0,0040 Ω	iT
	1 kΩ	0,00000 kΩ	0,00000 kΩ	$6,0 \cdot 10^{-6}$ kΩ	-0,00001 kΩ	0,00001 kΩ	iT
	10 kΩ	0,0000 kΩ	0,0000 kΩ	$60 \cdot 10^{-6}$ kΩ	-0,0001 kΩ	0,0001 kΩ	iT
	100 kΩ	0,000 kΩ	0,000 kΩ	$0,60 \cdot 10^{-3}$ kΩ	-0,001 kΩ	0,001 kΩ	iT
	1 MΩ	0,00000 MΩ	0,00000 MΩ	$6,0 \cdot 10^{-6}$ MΩ	-0,00001 MΩ	0,00001 MΩ	iT
	10 MΩ	0,0000 MΩ	0,0000 MΩ	$60 \cdot 10^{-6}$ MΩ	-0,0001 MΩ	0,0001 MΩ	iT
	100 MΩ	0,000 MΩ	0,000 MΩ	$0,60 \cdot 10^{-3}$ MΩ	-0,010 MΩ	0,010 MΩ	iT
4W-DCR	100 Ω	0,0000 Ω	-0,0005 Ω	$60 \cdot 10^{-6}$ Ω	-0,0040 Ω	0,0040 Ω	iT
	1 kΩ	0,00000 kΩ	0,00000 kΩ	$6,0 \cdot 10^{-6}$ kΩ	-0,00001 kΩ	0,00001 kΩ	iT
	10 kΩ	0,0000 kΩ	0,0000 kΩ	$60 \cdot 10^{-6}$ kΩ	-0,0001 kΩ	0,0001 kΩ	iT
	100 kΩ	0,0000 kΩ	-0,0001 kΩ	$60 \cdot 10^{-6}$ kΩ	-0,0010 kΩ	0,0010 kΩ	iT
	1 MΩ	0,00000 MΩ	0,00000 MΩ	$6,0 \cdot 10^{-6}$ MΩ	-0,00001 MΩ	0,00001 MΩ	iT
	10 MΩ	0,0000 MΩ	0,0000 MΩ	$60 \cdot 10^{-6}$ MΩ	-0,0001 MΩ	0,0001 MΩ	iT
	100 MΩ	0,000 MΩ	0,000 MΩ	$0,60 \cdot 10^{-3}$ MΩ	-0,010 MΩ	0,010 MΩ	iT

9. Messergebnisse Gleichspannung

Bereich	Richtiger Wert	Anzeige-wert	Relative Mess-unsicherheit	Untere Toleranz	Obere Toleranz	Erg.
100 mV	100,0000 mV	99,9993 mV	$8,2 \cdot 10^{-6}$	99,9915 mV	100,0085 mV	iT
	-100,0000 mV	-99,9993 mV	$8,2 \cdot 10^{-6}$	-100,0085 mV	-99,9915 mV	iT
1 V	1,000000 V	0,999999 V	$5,5 \cdot 10^{-6}$	0,999953 V	1,000047 V	iT
	-1,000000 V	-0,999998 V	$5,5 \cdot 10^{-6}$	-1,000047 V	-0,999953 V	iT
10 V	10,00000 V	9,99997 V	$1,7 \cdot 10^{-6}$	9,99960 V	10,00040 V	iT
	-10,00000 V	-9,99996 V	$1,7 \cdot 10^{-6}$	-10,00040 V	-9,99960 V	iT
100 V	100,0000 V	99,9995 V	$2,4 \cdot 10^{-6}$	99,9949 V	100,0051 V	iT
	-100,0000 V	-99,9994 V	$2,4 \cdot 10^{-6}$	-100,0051 V	-99,9949 V	iT
1000 V	1000,000 V	999,990 V	$3,1 \cdot 10^{-6}$	999,945 V	1000,055 V	iT
	-1000,000 V	-999,992 V	$3,1 \cdot 10^{-6}$	-1000,055 V	-999,945 V	iT

iT / iT* / aT* / aT siehe Punkt 5 Konformität

Abb. 8.2 (Fortsetzung)

| Kalibrierschein I2694 | Seite 5 von 7 |
| | Datum: 01.03.2019 |

10. Messergebnisse Gleichstromwiderstand

10.1 4-Draht-Messung

Bereich	Richtiger Wert	Anzeige- wert	Relative Mess- unsicherheit	Untere Toleranz	Obere Toleranz	Erg.
100 Ω	100,0000 Ω	100,0041 Ω	$3{,}6 \cdot 10^{-6}$	99,9860 Ω	100,0140 Ω	iT
1 kΩ	1,000000 kΩ	1,000050 kΩ	$3{,}6 \cdot 10^{-6}$	0,999890 kΩ	1,000110 kΩ	iT
10 kΩ	10,00000 kΩ	10,00048 kΩ	$3{,}6 \cdot 10^{-6}$	9,99890 kΩ	10,00110 kΩ	iT
100 kΩ	100,0000 kΩ	100,0051 kΩ	$3{,}6 \cdot 10^{-6}$	99,9890 kΩ	100,0110 kΩ	iT
1 MΩ	1,000000 MΩ	1,000056 MΩ	$3{,}6 \cdot 10^{-6}$	0,999890 MΩ	1,000110 MΩ	iT
10 MΩ	10,00000 MΩ	9,99895 MΩ	$20 \cdot 10^{-6}$	9,99590 MΩ	10,00410 MΩ	iT

10.2 2-Draht-Messung

Bereich	Richtiger Wert	Anzeige- wert	Relative Mess- unsicherheit	Untere Toleranz	Obere Toleranz	Erg.
100 Ω	100,0000 Ω	100,0062 Ω	$3{,}6 \cdot 10^{-6}$	99,9860 Ω	100,0140 Ω	iT
1 kΩ	1,000000 kΩ	1,000054 kΩ	$3{,}6 \cdot 10^{-6}$	0,999890 kΩ	1,000110 kΩ	iT
10 kΩ	10,00000 kΩ	10,00049 kΩ	$3{,}6 \cdot 10^{-6}$	9,99890 kΩ	10,00110 kΩ	iT
100 kΩ	100,0000 kΩ	100,0061 kΩ	$3{,}6 \cdot 10^{-6}$	99,9890 kΩ	100,0110 kΩ	iT
1 MΩ	1,000000 MΩ	1,000063 MΩ	$3{,}6 \cdot 10^{-6}$	0,999890 MΩ	1,000110 MΩ	iT
10 MΩ	10,00000 MΩ	10,00074 MΩ	$20 \cdot 10^{-6}$	9,99590 MΩ	10,00410 MΩ	iT
100 MΩ	100,0000 MΩ	99,8177 MΩ	$20 \cdot 10^{-6}$	99,1900 MΩ	100,8100 MΩ	iT

11. Messergebnisse Gleichstromstärke

Bereich	Richtiger Wert	Anzeige- wert	Relative Mess- unsicherheit	Untere Toleranz	Obere Toleranz	Erg.
10 mA	10,0000 mA	10,0003 mA	$39 \cdot 10^{-6}$	9,9930 mA	10,0070 mA	iT
	-10,0000 mA	-10,0002 mA	$39 \cdot 10^{-6}$	-10,0070 mA	-9,9930 mA	iT
100 mA	100,000 mA	100,002 mA	$39 \cdot 10^{-6}$	99,945 mA	100,055 mA	iT
	-100,000 mA	-100,001 mA	$39 \cdot 10^{-6}$	-100,055 mA	-99,945 mA	iT
1 A	1,00000 A	0,99992 A	$39 \cdot 10^{-6}$	0,99890 A	1,00110 A	iT
	-1,00000 A	-0,99989 A	$39 \cdot 10^{-6}$	-1,00110 A	-0,99890 A	iT
3 A	2,00000 A	1,99985 A	$39 \cdot 10^{-6}$	1,99700 A	2,00300 A	iT
	-2,00000 A	-1,99974 A	$39 \cdot 10^{-6}$	-2,00300 A	-1,99700 A	iT

iT / iT* / aT* / aT siehe Punkt 5 Konformität

Abb. 8.2   (Fortsetzung)

Kalibrierschein I2694		Seite 6 von 7
		Datum: 01.03.2019

12. Messergebnisse Wechselspannung

Bereich	Mess-bedingung	Richtiger Wert	Anzeige-wert	Relative Mess-unsicherheit	Untere Toleranz	Obere Toleranz	Erg.
100 mV	10 Hz	100,0000 mV	99,9742 mV	$74 \cdot 10^{-6}$	99,6100 mV	100,3900 mV	iT
	50 Hz	100,0000 mV	99,9522 mV	$74 \cdot 10^{-6}$	99,9000 mV	100,1000 mV	iT
	1 kHz	100,0000 mV	99,9747 mV	$74 \cdot 10^{-6}$	99,9000 mV	100,1000 mV	iT
	5 kHz	100,0000 mV	99,9742 mV	$74 \cdot 10^{-6}$	99,9000 mV	100,1000 mV	iT
	10 kHz	100,0000 mV	99,9734 mV	$74 \cdot 10^{-6}$	99,9000 mV	100,1000 mV	iT
	20 kHz	100,0000 mV	99,9688 mV	$74 \cdot 10^{-6}$	99,9000 mV	100,1000 mV	iT
	50 kHz	100,0000 mV	99,9227 mV	$74 \cdot 10^{-6}$	99,8300 mV	100,1700 mV	iT
	100 kHz	100,0000 mV	99,8661 mV	$74 \cdot 10^{-6}$	99,3200 mV	100,6800 mV	iT
	300 kHz	100,0000 mV	101,0011 mV	$0,51 \cdot 10^{-3}$	95,5000 mV	104,5000 mV	iT
	1 kHz	10,0000 mV	10,0017 mV	$0,66 \cdot 10^{-3}$	9,9540 mV	10,0460 mV	iT
1 V	10 Hz	1,000000 V	0,999757 V	$45 \cdot 10^{-6}$	0,996200 V	1,003800 V	iT
	50 Hz	1,000000 V	0,999581 V	$45 \cdot 10^{-6}$	0,999100 V	1,000900 V	iT
	1 kHz	1,000000 V	0,999793 V	$45 \cdot 10^{-6}$	0,999100 V	1,000900 V	iT
	5 kHz	1,000000 V	0,999797 V	$45 \cdot 10^{-6}$	0,999100 V	1,000900 V	iT
	10 kHz	1,000000 V	0,999787 V	$45 \cdot 10^{-6}$	0,999100 V	1,000900 V	iT
	20 kHz	1,000000 V	0,999790 V	$45 \cdot 10^{-6}$	0,999100 V	1,000900 V	iT
	50 kHz	1,000000 V	0,999775 V	$45 \cdot 10^{-6}$	0,998300 V	1,001700 V	iT
	100 kHz	1,000000 V	0,999741 V	$45 \cdot 10^{-6}$	0,993200 V	1,006800 V	iT
	300 kHz	1,000000 V	1,000966 V	$0,57 \cdot 10^{-3}$	0,955000 V	1,045000 V	iT
10 V	10 Hz	10,00000 V	9,99737 V	$45 \cdot 10^{-6}$	9,96200 V	10,03800 V	iT
100 V	1 kHz	100,0000 V	99,9883 V	$41 \cdot 10^{-6}$	99,9100 V	100,0900 V	iT
	10 Hz	100,0000 V	99,9951 V	$41 \cdot 10^{-6}$	99,6200 V	100,3800 V	iT
	50 Hz	100,0000 V	99,9772 V	$41 \cdot 10^{-6}$	99,9100 V	100,0900 V	iT
	5 kHz	100,0000 V	99,9854 V	$41 \cdot 10^{-6}$	99,9100 V	100,0900 V	iT
	10 kHz	100,0000 V	99,9831 V	$41 \cdot 10^{-6}$	99,9100 V	100,0900 V	iT
	20 kHz	100,0000 V	99,9742 V	$41 \cdot 10^{-6}$	99,9100 V	100,0900 V	iT
	50 kHz	100,0000 V	99,9338 V	$41 \cdot 10^{-6}$	99,8300 V	100,1700 V	↑T
	100 kHz	100,0000 V	99,8928 V	$0,13 \cdot 10^{-3}$	99,3200 V	100,6800 V	iT
750 V	50 Hz	750,000 V	749,707 V	$36 \cdot 10^{-6}$	749,325 V	750,675 V	iT
	1 kHz	750,000 V	749,848 V	$36 \cdot 10^{-6}$	749,325 V	750,675 V	iT
	50 kHz	200,000 V	199,698 V	$0,60 \cdot 10^{-3}$	199,385 V	200,615 V	iT

iT / iT / aT* / aT siehe Punkt 5 Konformität*

Abb. 8.2   (Fortsetzung)

Kalibrierschein I2694

13. Messergebnisse Linearität

Bereich	Mess-bedingung	Richtiger Wert	Anzeige-wert	Relative Mess-unsicherheit	Untere Toleranz	Obere Toleranz	Erg.
10 V	1 kHz	1,00000 V	0,99994 V	$45 \cdot 10^{-6}$	0,99640 V	1,00360 V	iT
	1 kHz	0,10000 V	0,10083 V	$94 \cdot 10^{-6}$	0,09694 V	0,10306 V	iT

14. Messergebnisse Wechselstromstärke

Bereich	Mess-bedingung	Richtiger Wert	Anzeige-wert	Relative Mess-unsicherheit	Untere Toleranz	Obere Toleranz	Erg.
1 A	50 Hz	0,100000 A	0,099925 A	$95 \cdot 10^{-6}$	0,099500 A	0,100500 A	iT
	1 kHz	0,100000 A	0,100021 A	$95 \cdot 10^{-6}$	0,099500 A	0,100500 A	iT
	5 kHz	0,100000 A	0,100017 A	$0,16 \cdot 10^{-3}$	0,099500 A	0,100500 A	iT
	50 Hz	1,000000 A	0,999347 A	$95 \cdot 10^{-6}$	0,998600 A	1,001400 A	iT
	1 kHz	1,000000 A	0,999723 A	$95 \cdot 10^{-6}$	0,998600 A	1,001400 A	iT
	5 kHz	1,000000 A	0,999383 A	$0,39 \cdot 10^{-3}$	0,998600 A	1,001400 A	iT
3 A	50 Hz	2,000000 A	1,998538 A	$95 \cdot 10^{-6}$	1,995200 A	2,004800 A	iT
	1 kHz	2,000000 A	1,999116 A	$95 \cdot 10^{-6}$	1,995200 A	2,004800 A	iT
	5 kHz	2,000000 A	1,998587 A	$0,39 \cdot 10^{-3}$	1,995200 A	2,004800 A	iT

------------------------------------   Ende des Kalibrierscheines   ---------------------------------

iT / iT / aT* / aT siehe Punkt 5 Konformität*

Abb. 8.2   (Fortsetzung)

Kalibrierlaboratorium

Kalibrierung rückführbar auf nationale und internationale Normale bzw. Institutionen gesichert.

<u>**KALIBRIERSCHEIN**</u>

Kalibrierschein-Nr.: J0372

Gegenstand: AC CURRENT CLAMP

Hersteller: FLUKE

Typ: i400s

Ser.-Nr.: …

Inv. -Nr.: …

Auftraggeber: Musterfirma
Strasse
Ort

Dieser Kalibrierschein dokumentiert die Rückführbarkeit der verwendeten Normale auf Normale zur Darstellung der physikalischen Einheiten in Übereinstimmung mit dem internationalen Einheitensystem (SI).

Die Kalibrierung erfolgt auf der Grundlage anerkannter Normen und Richtlinien sowie eines Qualitätsmanagement-Systems gemäß DIN EN ISO/IEC 17025:2005.

Für die Einhaltung einer angemessenen Frist zur Wiederholung der Prüfung ist der Benutzer verantwortlich.

Langzeitstabilitätsaussagen zu den Messergebnissen werden nicht gemacht, können aber beauftragt werden.
Konformitätsaussagen zu einer durch ein Staatsinstitut anerkannten Spezifikation bzw. Norm sind im Auftrag zu vereinbaren. In Bezug auf nicht anerkannte Spezifikationen bzw. Normen wird die Aussage unter Vorbehalt gegeben.
Die Spezifikation bzw. Norm muss messtechnischen Charakter haben.

Ergebnis der Kalibrierung: Entspricht bei Eingang / Ausgang den Kennwerten des Herstellers (in Bezug auf die Messwerte im Prüfprotokoll).

Umfang des Kalibrierscheines: 3 Seiten

Eingangsdatum: 22.01.2019

Ort und Datum der Kalibrierung: Ort, 30.01.2019

Dieser Kalibrierschein darf nur vollständig und unverändert weiterverbreitet werden. Auszüge oder Änderungen bedürfen der Genehmigung des ausstellenden Kalibrierlaboratoriums.

30.01.2019

Stempel	Ausstellungsdatum	Bearbeiter
	Tel.:	eMail:

Abb. 8.3 Muster-Kalibrierschein AC Current Clamp

Kalibrierschein J0372	Seite 2 von 3
	Datum: 30.01.2019

1. Kalibrierverfahren

Die Kalibrierung erfolgt durch Vergleich der Nominalwerte des Kalibriergegenstandes STROMZANGE mit den durch die Kalibriereinrichtung / Normale dargestellten Werten (Richtige Werte). Zur Kalibrierung wurde die Herstellervorschrift genutzt (ggf. durch staatlich anerkannte Normen und Richtlinien und daraus abgeleitete Anweisungen des Laboratoriums modifiziert).

2. Messunsicherheit des Kalibrierverfahrens

Angegeben ist die erweiterte Messunsicherheit, die sich aus der Standardmessunsicherheit durch Multiplikation mit dem Erweiterungsfaktor k=2 ergibt. Der Wert der Messgröße liegt mit einer Wahrscheinlichkeit von 95% im zugeordneten Werteintervall. Sie wurde gemäß VDI/VDE/DGQ/DKD 2622 Blatt 2 vom Mai 2003 nach Ermittlungsmethode B und Anhang B ermittelt. Eingeschlossen sind die Unsicherheiten des Kalibriergegenstandes während der Kalibrierung. Langzeitstabilitätsanteile sind nicht enthalten.

3. Umgebungsbedingungen

Temperatur: (23±3) °C
Relative Luftfeuchte: (45±10) %

4. Messbedingungen (allgemeine)

Es sind keine allgemeinen Messbedingungen aufgeführt.
Die spezifischen Bedingungen sind den jeweiligen Prüfpunkten zugeordnet.

5. Konformität

iT   Messwert innerhalb der Herstellerspezifikationen (unter Berücksichtigung der Messunsicherheit).
iT*   Messwert bedingt innerhalb der Herstellerspezifikationen. Unter Berücksichtigung der Messunsicherheit kann keine Konformitätsaussage getroffen werden.
aT* Messwert bedingt außerhalb der Herstellerspezifikationen. Unter Berücksichtigung der Messunsicherheit kann keine negative Konformitätsaussage getroffen werden.
aT   Messwert außerhalb der Herstellerspezifikationen (unter Berücksichtigung der Messunsicherheit).

6. Normale

Gegenstand	Hersteller / Typ	Serien-Nr.	Kalibrierschein-Nr. / Kalibrierlabor	Rekal.-Datum
MULTIMETER	HEWLETT PACKARD / 3458A			19-02
CALIBRATOR	FLUKE / 5520A/SC-600			20-04

Bemerkung: Hiermit bestätigen wir, dass die im …-Kalibrierlabor D-K-… intern durchgeführten Kalibrierungen bzw. Rekalibrierungen über entsprechende Bezugs- und Gebrauchsnormale auf das SI-Einheitensystem rückgeführt sind.

Abb. 8.3 (Fortsetzung)

			Seite 3 von 3
Kalibrierschein J0372			Datum: 30.01.2019

7. Wechselstromstärkemessung

Messbedingung: f = 50 Hz

Bereich	Richtiger Wert	*NominalerMesswert	Relative Mess- unsicherheit	Untere Toleranz	Obere Toleranz	Erg.
40 A	1 A	1,006 A	$0,58 \cdot 10^{-3}$	0,965 A	1,035 A	iT
	10 A	10,057 A	$0,12 \cdot 10^{-3}$	9,785 A	10,215 A	iT
	20 A	20,015 A	$0,10 \cdot 10^{-3}$	19,560 A	20,440 A	iT
	40 A	40,04 A	$0,18 \cdot 10^{-3}$	39,16 A	40,84 A	iT
400 A	50 A	50,11 A	$0,15 \cdot 10^{-3}$	48,96 A	51,04 A	iT
	80 A	80,27 A	$0,21 \cdot 10^{-3}$	78,36 A	81,64 A	iT
	90 A	90,32 A	$0,21 \cdot 10^{-3}$	88,16 A	91,84 A	iT
	100 A	100,38 A	$0,21 \cdot 10^{-3}$	97,96 A	102,04 A	iT
	200 A	200,92 A	$0,20 \cdot 10^{-3}$	195,96 A	204,04 A	iT
	380 A	380,98 A	$0,20 \cdot 10^{-3}$	372,36 A	387,64 A	iT

* Der "Nominale Messwert" beruht auf der am Multimeter 3458A gemessenen, dem Strom äquvalenten Wechselspannung.

-------------------------------   Ende des Kalibrierscheines   -------------------------------

iT / iT* / aT* / aT siehe Punkt 5 Konformität

Abb. 8.3   (Fortsetzung)

8.3.2.3 Verwendung von Zangenmessgeräten

Das Angebot von Zangenmessgeräten wurde in den letzten Jahren in Bezug auf Vielseitigkeit und Genauigkeit immer mehr erweitert.

In vielen Elektrobetrieben gehören sie in der Produktion sowie im Service zur Standardausrüstung.

Einfache Stromzangen werden vorwiegend zur Messung von Gleich- und Wechselstrom sowie zur Messung von Gleich- und Wechselspannung eingesetzt.

Für eine zuverlässige Leistungsmessung kommen Zangen (Zangenmultimeter) mit vielen Zusatzfunktionen wie

- Wirkleistungs- und Scheinleistungsmessung,
- Blindleistungsmessung,
- Messen des Leistungsfaktors,
- Messung der HF-Leistung

sowie zur Leistungsmessung in Verbindung mit dem Oszilloskop zum Einsatz.

8.4   Die Behandlung fehlerhafter Prüfmittel

Werden bei der Kalibrierung Funktionsmängel oder die Überschreitung der Fehlergrenzen festgestellt, ist es notwendig, die mit den Prüfmitteln durchgeführten Qualitätsprüfungen auf Basis der Kalibrierergebnisse neu zu bewerten.

Korrekturmaßnahmen müssen umgehend eingeleitet werden und das fehlerhafte Prüfmittel ist entsprechend einer der nachfolgenden Maßnahmen zu behandeln:

- Reparatur bzw. Justage – anschließend Neukalibrierung
- Rückstufung – für die Rückstufung müssen neue Fehlergrenzen festgelegt werden
- Aussonderung – jedes Prüfmittel muss gut sichtbar gekennzeichnet werden und darf nicht in die Messkette zurückkommen

Außer den elektronischen Varianten werden zur Prüfmittelüberwachung auch Fehlermeldekarten eingesetzt.

Vor allem für kleine und mittlere Unternehmen sind diese Fehlermeldekarten sehr vorteilhaft, da der Ist-Zustand schnell überprüft werden kann.

Variante für eine Fehlermeldekarte (Abb. 8.4).

In diesen Fehlermeldekarten werden verantwortliche Personen für die einzelnen Korrekturmaßnahmen mit Terminvorgabe festgelegt.

In vielen Unternehmen beträgt die Aufbewahrungsfrist 10 Jahre.

Fehlermeldekarte ___ / ___
Prüfmittelüberwachung

von _____ Name: _____ Telefon: _____ Datum: _____

an _____ Name: _____ Kst: _____ Telefon: _____

Betrifft:

Gerät: _____ Typ: _____

Ser.-Nr.: _____ Inv.-Nr.: _____

Beanstandung:

_____

_____

_____

_____

Verteiler: _____

Blatt 1
Prüfmittel-
Verant-
wortlicher

Das Prüfmittel wurde (☐ zutreffendes ankreuzen)

Blatt 2
über
Prüfmittel-
Verant-
wortlichen
an
Kalibrier-
Stelle

☐ abgeglichen

☐ kalibriert

☐ repariert

☐ ausgesondert

☐ _____ Unterschrift : _____

Blatt 3
Verbleib
Aussteller

Vom Prüfmittelverantwortlichen zu klären:
(☐ zutreffendes ankreuzen)

	Verantwortlicher	Termin
☐ Betroffene Produkte feststellen		
☐ Lagerüberprüfung		
☐ Wiederholende Messung		
☐ Rückrufaktion		
☐ Kunde Verständigen		
☐		
☐		
☐ Keine Maßnahme erforderlich		

Unterschrift: _____

Nach Erledigung Ablage beim Prüfmittelverantwortlichen und Aufbewahrung 10 Jahre.

2191Bk0396

Abb. 8.4 Muster einer Fehlermeldekarte für fehlerhafte Prüfmittel

8.5   Durch Automatisierungslösungen zu höherer Effektivität und Genauigkeit in der Messtechnik

8.5.1   Qualitätsmanagement in der heutigen Praxis

Spitzenqualität zu niedrigsten Preisen zu produzieren, ist der weltweite Trend in der Elektronik. Immer komplexere Leiterplatten müssen in immer kürzeren Zeitabschnitten mit hoher Qualität zu niedrigsten Preisen gefertigt werden.

Im Produktionsprozess auftretende Fehler müssen schnell erkannt werden, denn jeder Fehler bedeutet Verzögerung und damit Verlust.

Nur wer die Schwächen seiner Prozesse kennt und die Ursachen konsequent abstellt, wird Kosten sparen und seine Position gegenüber der Konkurrenz verbessern.

Gravierend sind die Probleme in der Mess- und Prüftechnik, die sich bei der Erfassung geeigneter Daten ergeben. Es werden oft nur „Insellösungen" angeboten, die lediglich gestatten, die Qualität einzelner Produktions- und Prüfabschnitte zu kontrollieren.

Hochkomplexe Lösungen kommen meist nur in großen Unternehmen mit sehr hohen Stückzahlen in der Fertigung sowie im Prüfablauf zum Einsatz. Oft ist die eingesetzte Software direkt an die Ausrüstung und die Geräte eines bestimmten Herstellers gebunden. Dadurch können keine einheitlichen und vergleichbaren Auswertungen getroffen werden.

8.5.2   Anforderungen und Ziele für die Zukunft

Die Zukunft der Mess- und Automatisierungstechnik wird maßgeblich von der Integration von Insellösungen in Gesamtlösungen bestimmt. Das bedeutet, dass die Produkte zwangsläufig integrativer und vor allem kommunikativer werden müssen. Nur so kann man den anspruchsvollen Anforderungen noch gerecht werden.

Durch komplexere Lösungen können Informationen mehrerer verschiedener Messsysteme automatisch übernommen werden. Eine einheitliche Berechnung von Produktions- und Qualitätskennzahlen sowie die lückenlose Rückverfolgbarkeit von Prüfschritten an Baugruppen und Messgeräten ist dadurch gewährleistet.

Zur vollständigen Dokumentation gehört die zeitgenaue und auftragsbezogene Aufzeichnung folgender Daten:

* Jede Messphase, welche der Prüfling durchläuft
* Jede Modifikation innerhalb eines Schritts
* Alle Prüfergebnisse und Reparaturinformationen

Flexibilität sollte durch voneinander unabhängig einsetzbare Softwaremodule und stufenlose Erweiterungsmöglichkeiten garantiert werden.

Praxisbezug

Ein effektives Qualitätsmanagement sollte ein Interface zur Anbindung eigener Testplätze planen. Es muss eine automatische Datenübernahme aller eingesetzten Prüfeinrichtungen erfolgen.

Literatur

1. Schoen, D.; Pfeiffer, W.: Übungen zur elektrischen Messtechnik. VDE-Verlag Berlin und Offenbach: 2001.
2. ALMEMO-Handbuch 7. Auflage, Fa. Ahlborn: 2007.
3. Pernards, P.: Digitaltechnik. Dr. Alfred Hüthig Verlag Heidelberg: 1986.
4. Richter, W.: Elektrische Messtechnik. Verlag Technik Berlin: 1994.
5. Prüfmittelmanagement und Prüfmittelüberwachung, VDI Verlag GmbH: 1998.
6. DIN EN ISO 17025: 2018. Allgemeine Anforderungen an die Kompetenz von Prüf- und Kalibrierlaboratorien.
7. DIN EN ISO 14253-1: 1998. Prüfung von Werkstücken und Messgeräten durch Messungen. Teil 1 Entscheidungsregeln für die Feststellung von Übereinstimmung oder Nicht-Übereinstimmung mit Spezifikationen.
8. DIN 1319 Teil 1: 1995. Grundlagen der Messtechnik, Allgemeine Grundbegriffe.
9. DIN 1319 Teil 3: 1996. Begriffe für die Messunsicherheit und für die Beurteilung von Messgeräten und Messeinrichtungen.
10. DIN 1319 Teil 4: 1985. Behandlung von Unsicherheiten bei der Auswertung von Messungen.
11. VDI/VDE/DGQ/DKD 2622: ab 1997. Kalibrieren von Messmitteln für elektrische Größen (Blatt 1: Grundlagen; Blatt 2: Messunsicherheit; Blatt 3: Digitalmultimeter)
12. PTB-Information: 2014. Die Neudefinition der SI-Basiseinheiten und ihre Auswirkung auf die Kalibrierung elektrischer Größen.
13. PTB-Information: 2017. Das neue Internationale Einheitensystem (SI).
14. PTB-Information: 2018. Revision des SI – Auswirkungen auf elektrische Messungen.
15. VDI/VDE 2627: 1998. Messräume, Klassifizierung und Kenngrößen, Planung und Ausführung

© Springer Fachmedien Wiesbaden GmbH, ein Teil von Springer Nature 2021   139
W. Helbig, *Praxiswissen in der Messtechnik*,
https://doi.org/10.1007/978-3-658-27802-1

Stichwortverzeichnis

© Springer Fachmedien Wiesbaden GmbH, ein Teil von Springer Nature 2021
W. Helbig, *Praxiswissen in der Messtechnik,*
https://doi.org/10.1007/978-3-658-27802-1

Printed in the United States
by Baker & Taylor Publisher Services